国家重点研发项目资助："装配式混凝土工业化建筑高效施工关键技术研究与示范"（课题编号：2016YFC0701705-1）

装配式建筑公差理论及其工程应用

罗小勇　刘　鹏　著

中国建筑工业出版社

图书在版编目（CIP）数据

装配式建筑公差理论及其工程应用/罗小勇，刘鹏著．—北京：中国建筑工业出版社，2020.4（2022.3重印）

ISBN 978-7-112-25032-5

Ⅰ．①装… Ⅱ．①罗… ②刘… Ⅲ．①装配式构件-公差-研究 Ⅳ．①TU3

中国版本图书馆 CIP 数据核字（2020）第 067970 号

本书介绍了装配式建筑工程施工中公差的控制方法及工程应用情况，内容共六章，分别是绪论、公差的内涵及数理统计、装配式建筑混凝土构件尺寸及预埋件位置偏差、基于工序能力指数的 PC 构件公差分析、装配式建筑混凝土构件生产工序的公差分配与控制、装配式建筑公差尺寸链与公差设计。

本书适用于从事装配式建筑研究和施工的专业人员参考使用。

责任编辑：张　磊　万　李
责任校对：赵　颖

装配式建筑公差理论及其工程应用
罗小勇　刘　鹏　著
*
中国建筑工业出版社出版、发行（北京海淀三里河路 9 号）
各地新华书店、建筑书店经销
北京红光制版公司制版
北京建筑工业印刷厂印刷
*
开本：787×1092 毫米　1/16　印张：9　字数：218 千字
2020 年 4 月第一版　　2022 年 3 月第二次印刷
定价：**40.00** 元
ISBN 978-7-112-25032-5
（35819）

序

随着社会进步和科技发展，工业制造已实现精密化、自动化和数字化生产。建筑业作为劳动密集型的传统产业，从粗犷的、资源耗损大的手工制作向精细化、自动化为主的工业化生产转型升级势在必行。装配式建筑具备典型的工业化生产特征，生产效率高、构件质量好、环境污染小，符合绿色建筑的要求。建筑行业转型和我国城镇化发展需求，将为装配式建筑发展提供发展机遇。

装配式建筑建造、构件生产和施工安装均会产生偏差。公差控制是打造高品质装配式建筑的关键，减少偏差和控制合理的公差是实现建筑结构系统安装精密配合、保障建筑质量、实现高效施工的重要保证。建筑构件生产精度越高、偏差越小，构件安装配合越精密、越有利于高效施工和达到预期功能。然而，过高的公差要求会提高经济成本和建造难度。因此，合理地控制装配式建筑建造与构件生产的公差更具工程实际意义。虽然各国发布的标准与规程中均限定了装配式建筑公差，但是标准中设定公差控制阈值缺乏明确的理论依据和取值原则，现行装配式建筑质量评定标准中公差或允许偏差取值源于经验。装配式建筑精度控制和质量评判缺乏公差取值基准、范围及依据，导致装配式建筑生产、建造、验收等环节的可操作性差。现有装配式建筑公差设计方法和控制技术难以满足当前装配式建筑高精度建造要求。

本书提出了装配式建筑行业的构件工序能力指数计算方法，建立了基于保证率的装配式建筑公差控制理论模型，构建了装配式建筑过程公差链模型。从理论上确定这些控制阈值在构件生产与安装关键工序或环节中如何分配，提供构件多工序生产安装公差控制的可操作性；解决装配式建筑构件生产尺寸公差与安装位置公差之间的数理关系，实现建筑体系多构件组合安装的精密配合。

本书可为装配式建筑构件设计与生产、建造和施工安装等环节公差控制提供理论依据，也可为装配式建筑结构体系和多构件系统安装配合与高效及高精度施工提供技术指导。

余志武

2020 年于长沙

前　　言

装配式建筑因具有"五化一体"优势正在全球蓬勃发展。实现建筑产业由粗放型向集约型转变和发展装配式建筑相关技术，已成为新时期经济发展和节能减排的迫切需求。装配式建筑可有效提升建筑业建造质量与效率、减少环境破坏、引导建筑业转型和实现行业可持续发展。国内外在装配式建筑结构体系和建造技术等方面已经取得了丰硕成果，但在装配式建筑工业自动化建造和高效施工控制理论方面仍存在许多尚待解决的技术难题。众所周知，装配式建筑及构件尺寸精度越高，则越能确保后续工作顺利开展。然而，过高的尺寸公差要求会造成极大的技术困难和增加经济成本。因此，开展装配式建筑及构件尺寸公差控制理论研究具有重要工程现实意义。

国内外在装配式建筑公差控制理论与设计方法方面近乎空白，相关标准规范中公差取值的理论依据不系不充分，开展装配式建筑公差理论研究可为装配式建筑公差选定提供充分的理论依据。本书从装配式建筑公差需求与意义、公差控制内涵、公差分析和尺寸链等几个层面，系统讨论了装配式建筑公差理论及其控制与设计方法，并开展了典型装配式建筑构件尺寸公差理论的工程应用。全书由四部分内容构成：

（1）第一部分主要包括第一章和第二章。第一章简述了国内外装配式建筑公差发展现状、面临的难题；第二章阐述了误差、偏差与公差的概念与分类、建筑构件测量方法及其偏差成因、公差分析的数理学基础及其常见的数学分布模型。

（2）第二部分主要由第三章和第四章组成。通过引入工业化生产工程能力（或工序能力）的概念，提出了装配式建筑构件工程能力（或工序能力）的概念及其求解方法。与此同时，通过多个装配式建筑工程项目调研，构建了典型装配式混凝土构件尺寸公差数据库，分析了装配式混凝土构件尺寸公差的数学分布特性，提出了装配式建筑构件公差尺寸控制理论、计算方法、阈值范围和取值原则。

（3）第三部分是第五章，主要是通过装配式建筑工程项目测量，揭示了装配式混凝土构件施工各关键工序（立模、混凝土浇捣、养护等）的公差数学分布规律，阐述了装配式建筑构件各关键工序公差分配原则。通过分析装配式建筑各关键工序公差成因和控制阈值范围，提出了各关键工序公差控制措施。

（4）第四部分为第六章，主要是提出了装配式建筑过程尺寸链理论。通过揭示装配式建筑生产、运输、建造等环节的公差抵消和累积效应，剖析了装配式建筑生产制作公差和施工安装形位公差间的内在关联，探讨了装配式建筑公差分析和公差分配内涵，提出了基于性能要求的装配式建筑全过程公差控制和公差链设计方法。

本书可为装配式建筑建造、施工安装、构件设计与生产等环节公差控制提供理论依据，也可为装配式建筑结构体系和多构件系统安装配合和高效、高精度施工提供技术指导。

本书研究工作得到了国家重点研发项目"装配式混凝土工业化建筑高效施工关键技术

研究与示范"（2016YFC0701705-1）及项目负责人郭海山、项目主管曾涛、课题组冯大阔等多位同仁的大力支持。在本书完稿之际，作者对上述支持表示诚挚的感谢。

在长期的共同研究过程中，团队成员和学生都付出了辛勤努力并作出贡献，他们是：龙昊、项宏展、易梦成、郜玉芬、刘晋宏、程俊峰、潘桢。在本书即将出版之际，作者要对他们的创造性劳动和辛勤付出表示由衷感谢。

鉴于装配式建筑公差问题复杂，所涉及专业和学科难题较多，作者在相关方面的认识可能尚不全面，缺点和错误在所难免，恳请读者批评指正。

作者
2020 年于中南大学

目　　录

第一章 绪 论

1875 年英国学者 William Henry Lascell 获得发明专利 "improvement in the construction of buildings" 标志着预制混凝土的起源。经过一个半世纪的发展，装配式混凝土建筑已经取得巨大进步，并形成了许多装配式建筑结构体系和相关理论。一般来讲，现有的装配式混凝土房屋结构体系可划分为框架结构体系、剪力墙结构体系和框架—剪力墙结构体系。

随着社会发展和科技进步，建筑业面临从传统手工制作向工业化生产转型升级的新局面。装配式建筑是实现建筑工业化的重要途径之一，正迎来千载难逢的发展机遇。在生产和安装过程中装配式建筑会产生偏差，减少或控制偏差是保障建筑质量和实现高效施工的要求。装配式建筑施工中确定合理的公差既取决于工艺水平，又是实现高效施工的要求。因此，开展装配式建筑公差控制研究具有重要的工程应用价值和现实意义。本书提出了装配式建筑行业的构件工序能力指数计算方法，建立了基于保证率的装配式建筑公差控制理论模型，构建了装配式建筑过程公差链模型。通过开展装配式建筑及构件的公差分析，从理论上确定了公差配分形式及其配分原则。本书旨在解决装配式建筑构件生产尺寸公差与安装位置公差之间的数理关系，实现建筑体系多构件组合安装的精密配合，以期为装配式建筑高精度和高效建造提供理论支撑与技术支持。

1.1 装配式建筑发展历程与现状

早在 17 世纪，欧洲就开始了建筑工业化之路。第二次世界大战之前，欧洲的装配式建筑主要采用实心构件装配系统（连接技术采用灌浆、焊接或螺栓连接的方式）。第二次世界大战之后，欧洲面临的战后重建问题推动了装配式建筑的飞速发展。其中，尤以德国在装配式建筑方面取得的成就最为显著。欧洲在装配式建筑发展初期主要采用大板式建筑体系，该体系优点是通过对部件的标准化设计，能够实现快速、经济地建造各类建筑物。20 世纪 60 年代桁架钢筋技术开始应用于混凝土预制叠合板中，从而成为装配式建筑构件工业化生产的起点。1956 年前南斯拉夫塞尔维亚材料研究院的 Branko Zezely 教授首创预制装配式整体预应力板柱建筑体系（IMS 体系），该结构体系经受了 1969 年和 1981 年前南斯拉夫班亚卢卡地区强烈地震的考验，表现出了良好的抗震性能。该结构体系现已广泛应用于世界许多国家和地区。在 1980 年至 1985 年期间，欧洲出现了半预制叠合墙体（也称双皮墙体系）。20 世纪后期，欧洲装配式建筑结构体系发展更加迅速。其中，以法国的装配式建筑世构体系最具代表。该结构体系由叠合板、预制梁、预制柱、现浇节点和后浇混凝土层组成；体系中主筋为预应力高强钢绞线，节点区布置了暗置齿槽和 U 型钢筋，预制梁端的预应力筋在主筋塑性铰区实现搭接连接。

日本的装配式混凝土建筑发展同样是受到第二次世界大战的影响。战后日本传统的木结构建筑不能满足大量住房的需求，迫切需要发展预制混凝土结构。日本的预制混凝土结构经历了三个阶段。第一阶段为二战后的初级发展阶段，为了解决住宅供应量不足、简化施工、提高产品质量实行工业化生产，1966 年日本建设部在《住宅工业化战略规划》提出了"加快建立建筑工业化"，制定了住宅模数、建筑拆分技术。第二阶段是 20 世纪 70至 80 年代，重点解决质量和性能问题，研发了盒式住宅、大型板材式住宅，并建立了"优良预制构件认证制度"（即 BL 构件制度）。第三阶段是 20 世纪 90 年代至今，重点以节约能源和可持续发展为目标，提出环境友好可持续新型住宅和跨世纪住宅寿命目标。目前日本的预制装配式混凝土结构的工法主要包括三种：第一种是大型板构法（W-PC），该工法始于 1965 年，是日本最早使用的预制装配式结构，主要用于高度不超过 11 层建筑；第二种是等同现浇型装配式钢筋混凝土结构（R-PC），结构形式采用框架结构或框剪结构，多应用于高层住宅建筑；第三种是预制装配式混凝土混合剪力墙结构（WR-PC），该工法纵向为短肢剪力墙，横向为普通剪力墙，现已成为 15 层以下高层住宅楼的主要建造结构形式。

我国装配式混凝土结构始于 20 世纪 50 年代，形成了一系列装配式混凝土建筑体系。较为典型的建筑体系有装配式单层工业厂房建筑体系、装配式多层框架建筑体系、装配式大板建筑体系，以及预制圆孔板、大型屋面板、槽形板等预制构件的应用。1990 年至 2000 年，装配式混凝土建筑已逐渐被全现浇混凝土建筑体系取代。从 2000年开始，装配式混凝土建筑逐渐升温，新型装配式混凝土结构作为建筑工业化的生产方式，具有生产效率高、构件质量好、符合绿色建筑要求、环境污染小、节约社会资源和有利于社会可持续发展等优点。近年来装配式混凝土结构逐渐成为建筑业大力推广发展的重点方向。我国目前主要形成了三种技术体系：第一种是 PC 技术体系（pre-cast concrete），主要用于全预制混凝土构件（如阳台、楼梯、空调板等）；第二种是PCF 技术体系（precast concrete form），即预制混凝土模板技术，主要用于预制混凝土剪力墙外墙模以及叠合楼板的预制板等；第三种是 NPC 技术体系（new precast con-crete），即竖向构件全预制、水平构件采用叠合形式，竖向通过预留插筋浆锚连接、水平向通过设置现浇连接带连接，再通过钢筋浆锚接头、现浇连接带、叠合现浇等形式将竖向构件和水平构件连接形成整体结构。

1.2　装配式建筑公差应用现状

构件在生产与安装过程中出现与设计值之间的偏差无法避免。建筑构件生产精度越高、偏差越小，构件安装配合越精密、越有利于高效施工和达到预期功能。同时，对建筑成品的性能和使用功能影响也越小。然而，过高的公差要求会提高经济成本和建造难度。因此，合理的控制装配式建筑建造与构件生产的公差更具工程实际意义。在装配式建筑发展过程中，各国对构件公差都进行了研究，并在相应的技术标准中予以体现。

德国装配式建筑公差标准规范 DIN 18202—2005 对建筑施工公差的建筑物提出要求见表 1-1，欧洲规范《预制混凝土构件质量统一标准》EN 13369—2008 对预制构件公差要求见表 1-2。DIN 18202—1997 则对构件公差要求划分更为详细，所取公差的正负的容许值数值相等，见表 1-3 和表 1-4。美国 PCI 预制及预应力混凝土控制手册中部分建筑公差采用了 PCI 委员会推荐的 MNL-135 标准推荐值，见表 1-5。

建筑施工公差要求　　　　　　　　　　　　　　　表 1-1

柱		1	2	3	4	5	6	7
组别	适用于（m）	≤0.5	(0.5～1]	(1, 3]	(3, 6]	(6, 15]	(15, 30]	>30
项目	水平面、垂直面、斜面（mm）	3	6	8	12	16	20	30

预制混凝土构件公差（mm）　　　　　　　　　　　表 1-2

构件横截面尺寸	允许偏差	钢筋、预应力筋、保护层厚度偏差
L≤150	−5～+10	±5
L=400	±15	+10～+15
L≥2500	±30	−10～+30

结构尺寸允许公差　　　　　　　　　　　　　　　表 1-3

序号	应用范围	构件尺寸允许公差（mm）				
		<3m	[3, 6m)	[6m, 15m)	[15m, 30m)	≥30m
1	平面尺寸（如长、宽、高、轴线和模块化尺寸）	±12	±16	±20	±24	±30
2	高度尺寸（如层高、标高、空间接触面积和支架等）	±16	±16	±20	±30	±30
3	平面净距（如支架和支墩距离等）	±16	±20	±24	±30	—
4	竖向净距（如楼层、天花板和托梁等）	±20	±20	±30	—	—
5	开洞（如窗户、门和设备等）	±12	±16	—	—	—
6	带有完成表面侧壁的与开洞相分离	±10	±12	—	—	—

构件允许公差　　　　　　　　　　　　　　　　　表 1-4

应用范围	目标尺寸位置的允许公差					
水平、垂直和斜面	<1m	[1m, 3m)	[3m, 6m)	[6m, 15m)	[15m, 30m)	≥30m
	6mm	8mm	12mm	16mm	20mm	30mm

典型预制构件（3m 以内）公差　　　　　　　　　表 1-5

	柱（mm）	空心板（mm）	隔热墙板（mm）	建筑墙板（mm）	梁（mm）
长	±12.7	±12.7	±12.7	±12.7	±25.4
宽	±6.4	±6.4	±6.4	±6.4	+9.5～−6.4
高	±6.4	±6.4	±6.4	+6.4～−3.2	12.7～−6.4
平整度	±3				

日本《工业化住宅性能认定制度》、美国《PCI 设计手册-预制及预应力混凝土》MNL 120—04 与 IBC 2006/ACI 318—05/ASCE 7—05 等标准、欧洲规范《预制混凝土构件质量统一标准》EN 13369—2008 等均对装配式混凝土结构施工质量公差控制进行了限定（一般不大于 3mm）。其中，表 1-6 给出了代表性的欧洲规范《预制混凝土构件质量统一标准》EN 13369—2008 对装配式混凝土结构施工质量公差控制范围。

施工质量公差（欧洲规范）　　　　　　　　　　　　　　表 1-6

≤2000	(2000, 4000]	(4000, 8000]	(8000~12000]	(12000, 16000]	>16000
±1	±2	±3	±4	±5	±6

注：本表单位均以毫米（mm）计。

我国当前正处在装配式建筑发展的初期阶段，同样面临装配建筑公差控制问题。通常做法是参照以往建筑构件生产的经验和技术更新的需求，提出一系列国家、地方、行业及企业内部的装配式建筑公差控制标准。比较有代表性的标准包括：《混凝土结构工程施工质量验收规范》GB 50204—2015、《装配式混凝土建筑技术标准》GB/T 51231—2016、《装配式钢结构建筑技术标准》GB/T 51232—2016、《工业化建筑评价标准》GB/T 51129—2015、《装配式混凝土结构技术规程》JGJ 1—2014、《装配式结构工程施工质量验收规程》DGJ 32/J184—2016 等。表 1-7 为《装配式混凝土建筑技术标准》中预制构件尺寸的允许偏差及检验方法，表 1-8 为《混凝土结构工程施工质量验收规范》中预制构件模板安装的允许偏差及检验方法，表 1-9 为《装配式混凝土建筑技术标准》中预制构件预留件尺寸允许偏差。

预制构件尺寸的允许偏差及检验方法　　　　　　　　　　表 1-7

项目			允许偏差（mm）	检验方法
长度	楼板、梁、柱、桁架	<12m	±5	尺量
		≥12m 且<18m	±10	
		≥18m	±20	
	墙板		±4	
宽度、高（厚）度	楼板、梁、柱、桁架		±5	尺量一端及中部，取其中偏差绝对值较大处
	墙板		±4	
表面平整度	楼板、梁、柱、墙板内表面		5	2m 靠尺和塞尺量测
	墙板外表面		3	
侧向弯曲	楼板、梁、柱		$l/750$ 且≤20	拉线、直尺量测最大侧向弯曲处
	墙板、桁架		$l/1000$ 且≤20	
翘曲	楼板		$l/750$	调平尺在两端量测
	墙板		$l/1000$	
对角线	楼板		10	尺量两个对角线
	墙板		5	
	洞口尺寸、深度		±10	

预制构件模板安装的允许偏差及检验方法 表1-8

项 目		允许偏差（mm）	检验方法
长度	梁、板	±4	尺量两侧边，取其中较大值
	薄腹梁、桁架	±8	
	柱	0，−10	
	墙板	0，−5	
宽度	板、墙板	0，−5	尺量两端及中部，取其中较大值
	薄腹梁、桁架	+2，−5	
高（厚）度	板	+2，−3	尺量两端及中部，取其中较大值
	墙板	0，−5	
	梁、薄腹梁、桁架、柱	+2，−5	
侧向弯曲	梁、板、柱	$l/1000$ 且≤15	拉线、尺量最大弯曲处
	墙板、薄腹梁、桁架	$l/1500$ 且≤15	
板的表面平整度		3	2m靠尺和塞尺量测
相邻两板表面高低差		1	尺量
对角线差	板	7	尺量两对角线
	墙板	5	
翘曲	板、墙板	$l/1500$	水平尺在两端量测
设计起拱	薄腹梁、桁架、梁	±3	拉线、尺量跨中

预制构件预留件尺寸允许偏差（mm） 表1-9

项 目		允许偏差	检验方法
预留孔	中心线位置	5	尺量
	孔尺寸	±5	
预留洞	中心线位置	10	尺量
	洞口尺寸、深度	±10	
预埋件	预埋板中心线位置	5	尺量
	预埋板与混凝土面平面高差	0，−5	
	预埋螺栓	2	
	预埋螺栓外露长度	+10，−5	
	预埋套筒、螺母中心线位置	2	
	预埋套筒、螺母与混凝土面平面高差	±5	
预留插筋	中心线位置	5	尺量
	外露长度	+10，−5	
键槽	中心线位置	5	尺量
	长度、宽度	±5	
	深度	±10	

通过上述章节分析可知，有关装配式建筑的欧美日本标准与我国装配式建筑标准中对于构件公差控制要求存在一定差异，主要表现为：

（1）我国现行国家标准和地方标准给出的装配式结构预制构件生产和安装的允许公差控制要求比国外要求更为严格。

（2）对于生产过程中构件的允许公差控制要求更高，并且依据存在过于统一问题，尚未考虑构件尺寸对允许公差控制的不同要求。

（3）国内外标准中有关允许公差要求的依据和控制理论方面仍为空白阶段，现有的规范还不够系统全面，对于构件尺寸和安装偏差的允许值通常是根据经验得来，没有充分的理论依据。

本章参考文献

[1] 刘鹏，罗小勇，陈颖，等．装配式建筑构件公差国内外研究进展[J]．建筑结构，2018，48（2）：699-706.

[2] 刘鹏，陈颖，罗小勇，等．装配式建筑混凝土构件公差控制国内外标准分析[J]．建筑科学与工程学报，2018，35（6）：45-53.

[3] Precast/Prestressed Concrete Institute (PCI). Manual for the evaluation and repair of precast, prestressed concrete bridge products：including imperfections or damage occurring during production, handling, transportation, and erection[S]. precast concrete, 2006.

[4] Kim S. PCI Committee on Tolerances. MNL-135-00：Tolerance manual for precast and prestressed concrete construction[M]. United States，2000.

[5] ACI 117M-06. ACI Committee 117. Specifications for tolerances for concrete construction and materials and commentary[R]. United States，2006.

[6] Murray N，Fern T，Aouad G. A virtual environment for the design and simulated construction of prefabricated buildings [J]. Virtual Reality，2003，6（4）：244-256.

[7] Warman E A. A rule based system for design for manufacture and assembly [C]. Proceedings of the IFIP WG 5. 3 international conference on life-cycle modelling for innovative products and processes. 1996：268-277.

[8] Yuan Z，Sun C，Wang Y. Design for manufacture and assembly-oriented parametric design of prefabricated buildings [J]. Automation in Construction，2018，88：13-22.

[9] 装配式混凝土结构技术规程 JGJ 1—2014，[S]. 北京：中国建筑工业出版社，2014.

[10] 混凝土结构工程施工质量验收规范 GB 50204—2015，[S]. 北京：中国建筑工业出版社，2015.

[11] 装配式混凝土建筑技术标准 GB/T 51231—2016，[S]. 北京：中国建筑工业出版社，2016.

[12] 湖南省装配式混凝土结构建筑质量管理技术导则[S]. 北京：中国建筑工业出版社，2016.

[13] 预制混凝土构件制作与验收规程 DB21/T 1872—2011，[S]. 北京：中国建筑工业出版社，2011.

[14] 装配整体式混凝土结构工程预制构件制作与验收规程 DB37/T 5020—2014，[S]. 北京：中国建筑工业出版社，2014.

[15] 装配式混凝土结构工程施工与质量验收规程 DB42/T 1225—2016，[S]. 北京：中国建材工业出版社，2014.

第二章 公差的内涵及数理基础

2.1 产品互换性与标准化

2.1.1 产品互换性的定义

现代化生产的产品，大多是由众多专业化的单位协同分工组合完成。装配式建筑具有较强的多部品和工序等特性。以装配式框架—剪力墙建筑为例，建筑物是由梁、柱、板、墙等构件及其阳台、楼梯、一体化卫生间、一体化阳台等部品组装完成。在项目现场将不同专业化生产的部件迅速组装成符合要求的整体结构，要求所有部件或部品必须满足设定的技术性能指标。这种由不同的专业工厂、工装设备和人员等制造出的零部件，可不经选择、修配或调整而能装配成合格的产品的特性，即为部件或部件的互换性。能够保证产品具有互换性的生产，称为遵循互换性原则的生产。由此可以定义产品的互换性是指按规定的几何、物理及其他特征参数的产品，在同类部件的装配和互换时无须辅助加工和修配便能很好地满足功能需求的特性。互换性体现为对建筑部件在建造和运维等不同阶段的要求，即装配前无须选择、装配时无须修配或调整、装配后能满足设计和使用上的功能要求。

互换性不仅与部件的装配性能有关，而且涉及设计、制造及使用等技术经济问题。按照部件互换性的程度，互换性可分为：

（1）完全互换。同一规格的部件在装配或更换时，无须挑选和修配，装配后就能满足使用要求的互换性。一般标准件，如门窗、阳台、楼梯、一体化卫厨间等都具有完全互换性，适合专业化生产和装配。

（2）不完全互换。产品装配精度要求较高时，若采用完全互换将使零件尺寸公差较小，造成加工困难、成本高、生产率低，甚至无法加工。此时，为了加工方便而适当放宽部件尺寸公差。待加工后，将部件按尺寸大小分为若干组，使每组部件之间的实际尺寸差别减小，装配时按相应组进行，从而达到既方便加工，又可满足装配精度和使用要求。部件仅仅在同组内互换，不同组间不可互换，称为不完全互换或有限互换。如梁、柱、板、墙等组成结构构件的互换性，通常采用的分组装配即为不完全互换。

按照互换性用于标准部件或机构内部和外部，互换性可分为：

（1）外互换。即部件或机构与其相配件之间的互换性。一般来说，外互换用于厂外协作件的配合和使用中需要更换的零件及与标准件配合的零件。

（2）内互换。即部件或机构内部零件之间的互换性。内互换一般装配精度要求高，在厂内组装后使用中不再更换内部零件。

综上可知，部件能否互换要根据装配成产品后是否达到使用要求和功能需求。因此，具有互换性的部件需要满足两点需求：第一点是要满足部件的几何参数达到部件结合的要求，既称为几何参数互换性，又称为狭义互换性；第二点是要使部件的性能满足产品的功能要求，既称为功能互换性，又称为广义互换性。

2.1.2　产品互换性的作用

装配式建筑部品或部件等产品的互换性在装配式建筑的设计、生产制作、建造装配和使用替换等方面具有重要意义，其主要作用表现为以下几个方面：

（1）设计过程中按照互换性要求设计产品，最适合选用具有互换性的标准部件，可简化设计、计算和制图等工作量，并缩短了设计周期，加速了产品更新换代。此外，还有利于使用计算机辅助设计（CAD）。

（2）制造过程中按照互换性原则组织生产，可同时开展各个构件加工制作，实现专业化协调生产，并便于计算机辅助制造（CAM）；从而有效提高产品质量和生产率，并降低制造成本。

（3）装配过程中部件互换性可提高装配质量，缩短装配周期，便于实现装配自动化，提高装配生产率。

（4）使用过程中部件具有的互换性可通过替换实现正常使用，从而实现方便快速更换。

鉴于上述产品互换性优点，利用数控技术（NC或CNC）、计算机辅助设计（CAD）、计算机辅助制造（CAM）、计算机辅助制造工艺（CAPP）、柔性制造系统（FMS）、计算机集成制造系统（CIMS）等技术可实现现代化成品快速、高效设计。同时，先进制造技术对产品的互换性提出更严格的要求，互换性是保障建筑工业生产的最基本原则和有效的技术保障。在建筑业实现互换性，就要严格按照统一的标准进行设计、制造、装配和检验等。因为现代制造业分工细、生产规模大、协作工厂多和互换性要求高，所以必须严格按标准协调各个生产环节，才能使分散、局部生产部门和生产环节保持技术统一，以实现互换性生产。

2.1.3　产品标准化

标准是指根据科学技术和生产经验的综合成果，在充分协商的基础上对技术、经济和相关特征的重复性事物，由主管机构批准并以特定形式颁布统一的规定，作为共同遵守的准则和依据。

标准化是对重复性事物和概念，通过制定、发布和实施标准达到统一，以获得最佳秩序和社会效益。标准化不是一个孤立的概念，而是一个包括制定、贯彻修订标准、循环往复、不断提高的过程。在此过程中，贯彻标准是核心环节，否则标准化便失去应有的意义。标准化是反映现代化水平的重要标志之一。随着科技和经济的发展，我国的标准化工作日益提高，在发展产品种类、组织现代化生产、确保互换性、提高产品质量、实现专业化协作生产、加强企业科学管理和产品售后服务等方面发挥了积极的作用，推动了技术、经济和社会的发展。标准化是组织建筑工业化生产的重要手段，是实现专业化协调生产的必要前提，是科学管理的重要组成部分。同时，它又是联系科研、生产、物流、使用等方面的纽带，也是社会经济合理化的技术基础，还是发展经贸、提高产品在国际市场上竞争能力的技术保证。此外，在装配式建筑中，标准化是实现互换性生产的基础和前提。总之，标准化直接影响科技、生产、管理、贸易、安全卫生、环境保护等诸多方面，必须坚持贯彻执行标准，不断提高标准化水平。

2.2 误差、偏差和公差的定义

2.2.1 尺寸与误差

用特定单位表示长度值的数字称为尺寸。尺寸由数值和特定单位两部分组成，如50mm等。尺寸包括直径、半径、宽度、深度、高度和中心距等，但不包括角度。在技术图纸和一定范围内，可以规定共同的单位（如技术图纸中的尺寸标注，可只写数字而不标注单位）。

设计给定的尺寸称为基本尺寸，通过测量获得的尺寸称为实际尺寸。由于制作与测量过程中存在差异，故实际尺寸与基本尺寸存在不符。产品制作与测量过程中产生的实际尺寸与设计基本尺寸的差别就是误差。

尺寸允许变化的界限值，称为极限尺寸。在构件制作中，根据不同要求给实际尺寸一个变动范围，变动范围的两个界限值就是两个极限尺寸。构件允许的最大尺寸称为最大极限尺寸，构件允许的最小尺寸称为最小极限尺寸。

2.2.2 偏差与公差

误差分析可知，部件制作过程中由于不同人员、设备、工艺、材料、工具及环境条件等因素的变化，导致部件必然产生误差。通常情况下，部件尺寸的误差变化分布符合正态分布。

公差是指生产中规定的产品最大极限尺寸 X_{max} 与最小极限尺寸 X_{min} 的差值，或者说是上偏差与下偏差的代数差。在国际标准 ISO 中，用 IT 表示公差，见式（2-1）。

$$IT(\delta X) = X_{max} - X_{min} \tag{2-1}$$

公差是量度理想值与标准值之间允许的变化量，它标定了偏离理想值的工程容许合法范围。从误差分析可知，产品加工中由于不可避免的人、设备、工艺、材料、工具及环境条件等因素的变化（即不可能的绝对一致性），所以对量度的理想值给予公差规定是必要的。公差能应用于各种不同性质的量度，如长度和角度等。

公差与误差是两个不同性质的概念。公差具有确定的值，而误差是具有分布不确定的值。误差符合某种加工条件下的分布规律，公差的制定则与某种条件下分布规律有关。公差与误差的关系，见图 2-1。

标准公差是确定公差带大小的任一公差，是计算各种公差配合的极限偏差所需要的数据之一。标准公差的确定，是根据机械产品加工中的误差原理得来的计算公式所计算出来的。偏差是极限尺寸与基本尺寸间的代数差。在国际标准 ISO 中，用 ES 表示最大极限尺寸，用 EI 表示最小极限尺寸，最大极限尺寸 X_{max} 与基本尺寸 X 间的代数差称为上偏差，最小极限尺寸 X_{min} 与基本尺寸 X 的代数差称为下偏差，相应的表达式如下：

$$ES(\delta^+ X) = X_{max} - X$$
$$EI(\delta^- X) = X_{min} - X \tag{2-2}$$

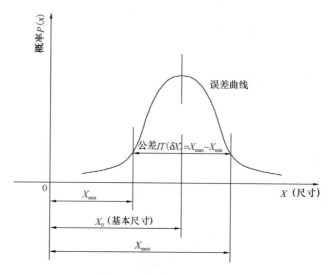

图 2-1 公差与误差的关系

基本偏差是上下偏差中接近零线位置的一个偏差称为基本偏差，它确定公差带的位置并使其标准化。基本偏差因配合的不同可以为上偏差，也可以为下偏差。上下偏差与基本偏差关系示意图，见图 2-2。

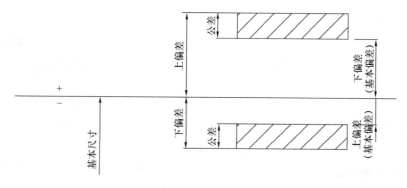

图 2-2 上下偏差与基本偏差关系示意图

2.2.3 公差分类

根据 Eli Whitney 的互换性思想，公差是指部件尺寸及几何参数特性的变动允许范围，在符合范围内可进行部件的替换且不影响最终成品装配质量。公差大小决定了部件间的间隙和几何配合，它是连接产品性能要求和加工工艺之间的桥梁，直接决定产品性能、装配成功率、生产成本和加工工艺过程控制。公差主要包括尺寸公差和形位公差两大类。尺寸公差通常简称为公差。形位公差又分为形状公差和位置公差，而位置公差又包括定向公差和定位公差。两种公差包含的内容及公差表示符号，见表 2-1。

上述相关的公差内容及其细节介绍如下：

（1）尺寸公差

尺寸公差简称公差，是指允许的最大极限尺寸与最小极限尺寸之差的绝对值大小，或上偏差与下偏差之差的绝对值大小。尺寸公差是一个没有符号的绝对值。极限偏差＝极限尺寸－基本尺寸，上偏差＝最大极限尺寸－基本尺寸，下偏差＝最小极限尺寸－基本尺寸。尺寸公差是指在产品加工中允许的部件尺寸变动量。在基本尺寸相同的情况下，尺寸公差越小则尺寸精度越高。

公差分类及表示符号 表 2-1

分类	特征项目	符号	分类	特征项目	符号
形状公差	直线度	—	位置公差	定向 平行度	//
	平面度	▱		垂直度	⊥
	圆度	○		倾斜度	∠
	圆柱度	⌭		定位 同轴度	◎
	线轮廓度	⌒		对称度	⊜
	面轮廓度	⌓		位置度	⊕
				跳动 圆跳动	↗
				全跳动	↗↗

（2）形状公差

常见的形状公差主要有下面几种形式：

1）直线度

是限制实际直线对理想直线变动量的一项指标，主要针对直线发生不直而提出的要求。

2）平面度

是限制实际平面对理想平面变动量的一项指标，是针对平面发生不平而提出的要求。

3）圆度

是限制实际圆对理想圆变动量的一项指标，是对具有圆柱面（包括圆锥面、球面）的部件，在一正截面（与轴线垂直的面）内的圆形轮廓要求。

4）圆柱度

是限制实际圆柱面对理想圆柱面变动量的一项指标。它控制了圆柱体横截面和轴截面内的各项形状误差，如圆度、素线直线度、轴线直线度等。圆柱度是圆柱体各项形状误差的综合指标。

5）线轮廓度

是限制实际曲线对理想曲线变动量的一项指标，是对非圆曲线的形状精度要求。

6）面轮廓度

是限制实际曲面对理想曲面变动量的一项指标，它是对曲面的形状精度要求。

（3）定向公差

1）平行度

用来控制部件上被测要素（平面或直线）相对于基准要素（平面或直线）的方向偏离

0°的要求，即要求被测要素对基准等距。

2）垂直度

用来控制部件上被测要素（平面或直线）相对于基准要素（平面或直线）的方向偏离90°的要求，即要求被测要素对基准成90°。

3）倾斜度

用来控制部件上被测要素（平面或直线）相对于基准要素（平面或直线）的方向偏离某一给定角度（0°～90°）的程度，即要求被测要素对基准成一定角度（除90°外）。

（4）定位公差

1）同轴

用来控制理论上应该同轴的被测轴线与基准轴线的不同轴程度。

2）对称度

一般用来控制理论上要求共面的被测要素（中心平面、中心线或轴线）与基准要素（中心平面、中心线或轴线）的不重合程度。

3）位置度

用来控制被测实际要素相对于其理想位置的变动量，其理想位置由基准和理论正确尺寸确定。

（5）跳动公差

1）圆跳动

指被测实际要素绕基准轴线作无轴向移动、回转一周中，由位置固定的指示器在给定方向上测得的最大与最小读数之差。

2）全跳动

是被测实际要素绕基准轴线作无轴向移动的连续回转，同时指示器沿理想要素线连续移动，由指示器在给定方向上测得的最大与最小读数之差。

不同种类的公差在设计和制造中的控制作用存在差异。尺寸公差带是表示上偏差与下偏差或最大极限尺寸与最小极限尺寸之间两条直线所限定的区域，位置公差带是用来限制被测实际要素变动的区域。因此，在公差设计与分析中，要区分公差带所对应的特征。公差设计主要面向尺寸精度设计、形位精度设计和表面粗糙度设计。根据几何测量精度设计的一般规律，数值上的大小次序为：尺寸公差＞形位公差＞表面粗糙度。因此，在设计产品公差时，需要先确定尺寸公差，然后按数值递减与精度等级、质量和功能等要求进行形位公差和表面粗糙度设计。可以说，尺寸精度设计是形位精度设计和表面粗糙度设计的基础和参照。

2.3 构件尺寸的量测

2.3.1 尺寸量测工具与方法

测量是为确定被测对象的量值而进行的实验过程，测量过程实际上也是一个比对过程，也就是将被测量于标准的单位量进行比较，确定其比值的过程。假设被测量值为 L 和采用的计量单位为 E，则它们的比值 q 可表示为：

$$q = \frac{L}{E} \tag{2-3}$$

上式表明在被测量值一定的情况下，比值 q 大小决定于所采用的计量单位。同时，计量单位的选择取决于被测量值所要求的精确程度。

一个完整的测量过程应包含以下四个要素：

（1）测量对象——主要是几何量，包括长度、角度和表面粗糙度及其形位误差等。

（2）计量单位——我国的基本计量制度是米制；在长度计量中单位为米，其他常用长度单位有毫米和微米等。

（3）测量方法——是指测量时所采用的方法、手段、器具和测量步骤等的综合。

（4）测量精度——是指测量结果与真值的一致程度。任何测量过程不可避免地会出现测量误差。误差越大则表明测量结果越偏离真值，相应的精确度低。

测量过程可分为等精度测量和不等精度测量。等精度测量是指在所用的测量方法、计量器具、测量条件和测量人员都不变条件下，对某参量开展多次重复测量。如果在多次重复的测量过程中上述条件不恒定，则称为不等精度测量。按上述两种不同测量过程测量同一被测物理量，所产生的测量误差和数据处理方法不同。具体内容如下：

1. 测量方法的分类

测量方法可按各种不同形式进行分类，如直接测量与间接测量、综合测量与单项测量、接触测量与非接触测量、被动测量与主动测量、静态测量与动态测量等。具体内容如下：

（1）直接测量——无需对被测量与其他实测量进行一定函数关系的辅助计算而直接得到被测量值的测量，直接测量又可分为绝对测量和相对（比较）测量。

（2）间接测量——通过直接测量与被测参数有已知关系的其他量而得到该被测参数量值的测量。例如，在测量大的圆柱形零件的直径 D 时，可以先量出其圆周长 L，然后通过圆周长与直径间的函数关系式计算零件的直径 D（即 $D = L/\pi$）。间接测量的精确度取决于有关参数的测量精确度，并与所依据的计算公式有关。

（3）绝对测量——由仪器刻度尺上读出被测参数的整个量值的测量方法。例如，用游标卡尺、千分尺测量零件的直径。

（4）相对测量——由仪器刻度尺指示的值只是被测量参数对标准参数的偏差的测量方法。由于标准值是已知的，故被测参数的整个量值等于仪器所指偏差与标准量的代数和。

（5）综合测量——同时测量工件上的几个相关参数，从而综合地判断产品是否符合要求。目的是限制被测工件在规定的极限范围内，以保证互换性的要求。

（6）单项测量——单个彼此没有联系地测量工件的单项参数。例如，测量圆柱体部件某剖面的直径，或分别测量螺纹的螺距或半角等。分析加工过程中造成次品的原因时，多采用单项测量。

（7）接触测量——仪器的测量头与工件的被测表面直接接触，并有机械作用的测力存在。接触测量对零件表面油污、切削液、灰尘等不敏感，但由于有测力存在，会引起部件表面、测量头以及计量仪器传动系统的弹性变形。

（8）不接触测量——仪器的测量头与工件的被测表面之间没有机械作用的测力存在，例如，光学投影测量、气动测量。

（9）被动测量——部件加工进行的测量。此时，测量结果仅限于发现并剔出废品。

（10）主动测量——部件在加工过程中进行的测量。测量结果直接用来控制部件的加工过程，决定是否继续加工或需调整生产机具或采取其他措施。因此，它能及时防止与消灭废品。由于主动测量具有一系列优点，是技术测量的主要发展方向。

（11）静态测量——测量时的被测表面与测量头是相对静止的。例如，用千分尺测量零件直径。

（12）动态测量——测量时的被测表面与测量头之间有相对运动，它能反映被测参数的变化过程。例如，用激光比长仪测量精密线纹尺、用激光丝杆动态检查仪测量丝杆等。动态测量也是技术测量的发展方向之一，可显著提高测量效率和保证测量精度。

2. 量测器具及方法的相关术语

（1）标尺间距——指沿着标尺长度的线段测量得出的任意两相邻标尺标记之间的距离。标尺间距以长度单位表示，它与被测量的单位或标在标尺上的单位无关。

（2）标尺分度值——指两个相邻标尺标记所对应的标尺值之差。标尺分度值又称为标尺间隔，简称分度值；它以标在标尺上的单位表示，与被测量的单位无关。国内也把分度值称为格值。

（3）标尺范围——指在给定的标尺上，两端标尺标记之间标尺值的范围。标尺范围以标在标尺上的单位表示，它与被测量的单位无关。

（4）量程——指标尺范围上限值与下限值之差。

（5）测量范围——指在允许误差限内计量器具的被测量值的范围。测量范围的最高值和最低值分别称为测量范围的"上限值"和"下限值"。

（6）灵敏度——指计量仪器的响应变化量除以相应的激励变化量。当激励和响应为同一类量的情况下，灵敏度也可称为"放大比"或"放大倍数"。

（7）稳定度——指在规定工作条件下，计量仪器保持其计量特性恒定不变的程度。

（8）灵敏限——指使计量仪器的示值可觉察变化的最小变化值，它表示量仪对反映被测量的小变化能力。

（9）分辨力——指计量器具指示装置可以有效辨别所指示的紧密相邻量值的能力的定量表示。一般认为模拟式指示装置其分辨力为标尺间隔的一半，数字式指示装置其分辨力为末位数的一个字。

（10）可靠性——指计量器具在规定条件下和规定时间内完成规定功能的能力。

（11）测量力——指在接触测量过程中，测头与被测物体表面之间接触的压力。

（12）量具的标称值——指在量具上标注的量值。

（13）计量器具的示值——指由计量器具所指示的量值。

（14）量值的示值误差——指量具的标称值和真值（或约定值）之间的差值。

（15）计量仪器的示值误差——指计量仪器的示值与被测量的真值（或约定真值）之间的差值。

（16）仪器不确定度——指在规定条件下，由于测量误差的存在，被测量值不能肯定的程度。一般用误差界限来表征被测量所处的量值范围。仪器不确定度亦是仪器的重要精度指标。仪器的示值误差与仪器不确定度都是表征在规定条件下测量结果不能肯定的程度。

（17）允许误差——技术规范、规程等对给定计量器具所允许的误差极限值。

3. 传统量测工具与方法

预制构件几何尺寸的传统测量方法多为直接测量法中的绝对测量，量测工具主要有钢卷尺、靠尺、通用卡尺、楔形塞尺、方形角尺和三维测量仪等。针对不同的测量项目（如预制构件尺寸、预留孔与门窗等孔洞的尺寸及位置、预埋件和管线与预留筋尺寸及位置、构件表面平整度和细部构造等），通常采用的测量方法及工具见表2-2～表2-4。

预制构件尺寸量测方法　　表2-2

检查项目		量测工具	量测方法
截面尺寸	长度	钢卷尺、通用卡尺	可将钢卷尺紧贴构件直接测量测构件三维截面尺寸（长、宽、高或厚），见图2-3。构件厚度还可采用通用卡尺紧贴构件表面量测
	宽度		
	高（厚）度		
平面尺寸	对角线	钢卷尺	采用钢卷尺量测构件对角线尺寸，两者之差为对角线偏差，见图2-4
	翘曲	钢卷尺	矩形四个角分别沿两对角拉两条线，量测两线交点之间的距离为翘曲量，见图2-3
	表面平整度	靠尺和楔形塞尺	1）选取预制构件某一面作为实测区。2）在同一个实测区内，在构件四个角中选取左上、右下两个角按照45°斜放靠尺分别测量一次，在距边缘20cm左右的位置水平量测一次。所选实测区优先考虑有门窗、过道洞口，在各洞口45°斜测一次。测量时，紧靠被测面，其缝隙大小用楔形塞尺检测。3）记录数据，以每处检测三个点的平均值作为量测结果。构件表面平整度量测方法见图2-4

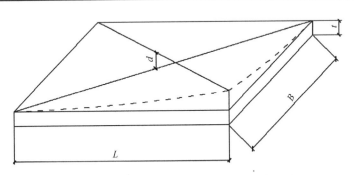

图2-3　预制构件截面尺寸以及平面尺寸量测

预留孔与门窗等孔洞的尺寸及位置量测方法　　表2-3

检查项目		量测工具	量测方法
预留孔与门窗等孔洞的尺寸	长度	钢卷尺、通用卡尺或三维测量仪	采用钢卷尺紧贴构件上预留孔和门窗等孔洞测量测其尺寸（长、宽、深），也可采用三维测量仪进行扫描量测。构件深度也可采用通用卡尺紧贴构件表面量测。量测方法见图2-5
	宽度		
	深度		

检查项目		量测工具	量测方法
预留孔与门窗等孔洞的位置	纵向	钢卷尺	采用钢卷尺或三维测量仪量测构件上预留孔与门窗等孔洞的水平和纵向距离。量测方法见图2-5
	水平		
阴阳角	角度	方形角尺	1）打开方形角尺，用两手持方形角尺紧贴被检测角面。 2）读取方形角尺数据，该值即为偏离误差。也可配合楔形塞尺量测。 3）以阳角上中下三点平均值作为量测结果

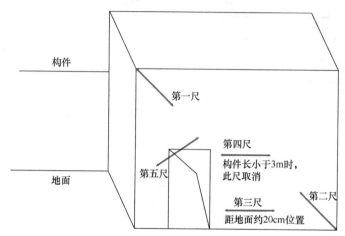

图 2-4　构件表面平整度量测方法

注：第五尺仅用于有门洞构件。

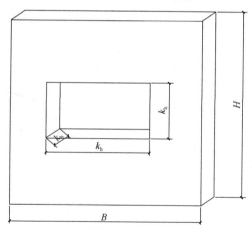

图 2-5　预留孔洞尺寸和位置量测

预埋件和管线与预留筋尺寸及位置量测方法			表 2-4
检查项目		量测工具	量测方法
预埋件和管线与预留筋尺寸	长度	钢卷尺、通用卡尺	采用钢卷尺或通用卡尺紧贴构件上预埋件和管线与预留筋测量测其尺寸（长、宽、深）。量测方法见图2-6（a）
	宽度		
	深度		
预埋件和管线与预留筋位置	纵向	钢卷尺	采用钢卷尺量测构件上预埋件和管线与预留筋的水平和纵向距离。量测方法见图2-6（b）
	水平		

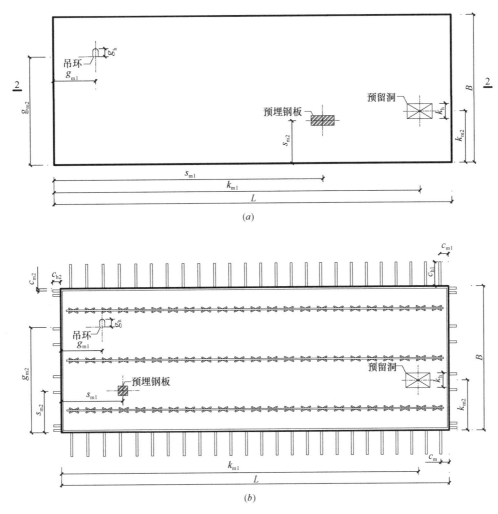

图 2-6　预埋件、预留孔洞及预留连接钢筋尺寸偏差量测

（a）预埋件和管线与预留筋尺寸长、宽、高测量；（b）预埋件和管线与预留筋纵向、水平测量

　　传统测量技术基本采用钢尺、靠尺及楔形塞尺等采用直接测量中的绝对测量方法进行对预制构件的量测。虽然最终的测量结果采用多次测量的平均值，但仍会在每次测量中累计主观读数误差，并且量测结果存在依赖于传统测量工具的精度和稳定性等弊端。传统测量工具的精度见表 2-5。

传统工具测量精度　　　　　　　　　　　　　　表 2-5

测量工具	精度（mm）
直尺	1
钢尺	1
塞尺、塞片	1

　　考虑到人为读数和人为操作主观性和不稳定性的误差必然存在影响，故会导致甚至最终量测结果误差过大甚至达不到传统测量工具本身的精度问题。为了保证获得更加精确且

稳定的预制构件偏差分布数据库，在构件测量中引入更高精确度的三维摄影测量技术可有效提供量测精度。

2.3.2 三维摄影测量技术

1. 概述

三维摄影测量系统是工业非接触式光学三坐标测量系统，也称为数字工业近景摄影测量系统。可精确地获得离散目标点的三维坐标，这是一种便携移动式三坐标光学测量系统，可用于部件的静态质量控制和动态变形分析与实时测量。摄影测量技术（Photogrammetry）的基本思想是从不同方向拍摄标志点，通过图片和点法线关系计算出三维坐标。图片中可见的标志点相互之间存在映射，故可用其测量的图片并基于标志点的相互关系而计算出相应的方位。该系统具有极高的精度，一般可达到 0.01 mm。

三维摄影测量系统采用摄影测量相机从不同观察角度（或称摄像站）拍摄研究对象的多幅图片，并基于测量软件计算出所有相关的目标点、数码图片中粘贴的标志点和物体特征点的三维坐标。三维摄影测量系统测量尺度大小可从毫米级别至数十米尺度的物体，并可计算出物体上几千个标志点的坐标。摄影测量是以透视几何理论为基础，采用前方交会方法计算三维空间中被测物几何参数的一种测量手段，其测量原理见图 2-7 和图 2-8。

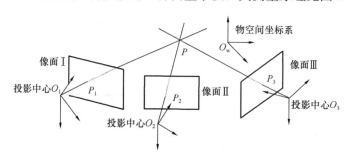

图 2-7 三维摄影测量原理图

三维摄影测量系统软件的主要功能是在多幅图片中识别出椭圆标本（圆形标志点）及其椭圆三维坐标。根据两张以上图片，以把待测点的像点坐标作为测量值，求解出空间 3D 坐标。一般来讲，该系统测量过程包括特征点的像点中心计算、图片匹配和共线方程式的解算三个步骤。

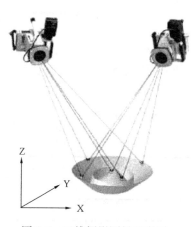

图 2-8 三维摄影测量示意图

2. 三维摄影测量系统的特点

（1）移动式光学三维坐标测量装置；

（2）可以对柔性物体的测量；

（3）测量物体尺寸大小从 0.1～20m 的物体；

（4）简单快速获取图片；

（5）自动检测数码图片；

（6）自动计算标志点的三维坐标测量，并提供三维点的可视化操作；

（7）三维坐标的测量精确；

（8）利用点的三维信息建立元素，并保存简便（IGES 格式）；

（9）可量测各种距离和角度；

（10）可导入各种标准格式的 CAD 数模，实现测量数据与数模的对比；

（11）标准化的输出格式；

（12）友好的人机交互界面。

3. 三维摄影测量系统的主要构成

三维摄影测量系统主要的硬件和软件组成包括固定焦距可互换镜头的高分辨率数码相机（1000 万像素）、存储媒介、照明系统（闪光灯）、编码标志点（由一个中心点和周围的环状编码组成）、测点 ID 号、非编码标志点和高性能的电脑或笔记本电脑等。

4. 测量步骤

三维摄影测量系统的测量过程主要包括五个步骤组成。以预制墙板构件为例，相应的三维摄影测量步骤如下：

（1）在预制构件生产各阶段的模板或构件表面周边及其上下面任意布设编码标志点（如图 2-9）；应确保相邻编码标志点的距离适当（一般为 6～13cm），并且应在拐角处布设更密集的编码标志点，以便确保垂直相交边拍摄照片衔接。

（2）在预制构件的模板和构件的表面以及预埋件表面布置非编码标志点；包含预埋件的预制构件，若需量测预埋件的相关参数，则也需在预埋件所处部位布置非编码标志点。

（3）在靠近预制构件的四周放置标尺，但须保证在拍摄获取过程中可测量到标尺上的标志点。

（4）将相机先调到自动聚焦对两根标尺拍摄（1～3 张照片），以便开展定距；然后，调到 M 档围绕预制构件四周进行多角度拍摄以获取控制点系集成照片。

（5）利用三维摄影系统计算（3）中照片得到预制构件的生产全过程点云数据，进而获得预制构件生产全过程的外形尺寸数据和预埋件位置数据及其各元素之间的距离与角度关系等。

基于上述三维摄影测量系统的测量结果，还可通过系统优化实现某些关键项目及其参数精准表征，见图 2-9。具体如下：

1）模板或构件长度、宽度、高度；

2）模板或构件上门窗孔洞尺寸（长度、宽度、深度）；

3）模板或构件上阴阳角角度偏差；

4）预埋件位置；

5）外伸钢筋位置。

由三点确定一个平面原理，见图 2-10，测量 1～7 平面。由此模板或构件长度即可转化为对应面上的点到面之间的距离，模板或构件上门窗孔洞尺寸和位置信息可由 1 面上点到面 7 的距离，见图 2-11。通过三维摄影测量分析软件取面 2 上任意一点到面 7 的距离可得到本墙体门窗边线位置数据。由于标志点的数量较多，故可以多次取值。同时，因体系具有对称性，故也可以取面 7 上

图 2-9　PC 构件三维摄影测量实景图

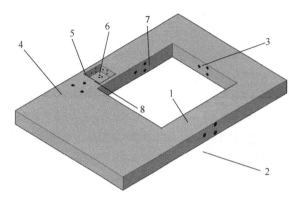

图 2-10　三维摄影测量部件立体图

点到面 2 的距离，从而可达到相互验证且增加数据量更易分析预制构件制作误差的效果。重复上述方法，则可得其他项目的优化方式。

同理，以模板或构件上阴阳角角度偏差测量为例开展分析，相应的参量可转化为面 3 与面 7 之间的角度偏差。基于紧密贴合的面 3 和面 7 上标志点，通过三维摄影测量软件建立两个平面，直接可以得到两个面角度。因为现场实际所贴标志点超过三个，故可得到多个测量结果，并能降低人为误差影响。相应的点云尺寸数据提取图，见图2-12。

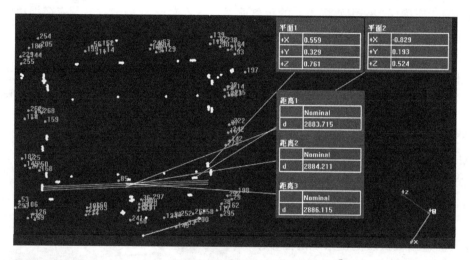

图 2-11　点云提取示意图

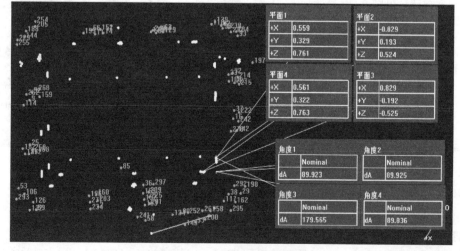

图 2-12　点云尺寸数据提取图

三维摄影测量相比传统模式更加客观且数据量大，更重要的是在进行装配式建筑预制构件的工业化生产偏差分析时，可获得更加精准的数据以满足高精度定量分析偏差要求。

2.4 生产和测量中构件尺寸误差

无论采用何种严格和精密的加工工艺生产出的构件，在尺寸上都会存在一定偏差。因此，在设计方面均需给予各种数据可允许的数值波动区间。同理，即使是同一工人、同一时间内，用同一部机床和同样的生产工艺下，对于一组构件的各构件间的数据结果也会存在差别。

构件成品能否满足图纸规定和要求，则需依靠特定测量工具开展量测和判定。测量精度与所用测量工具、量测方法和技术水平等密切相关。然而，量测误差不可避免。构件生产、制作和加工及测量过程中均会产生误差。通常情况下，根据误差的性质可将其分为三类：系统误差、错误误差、随机误差（或偶然误差）。系统误差是一种常在误差，对一切数据或量度有同样影响，这种误差通常是一定的，而且可以由适当的校正来补救或采取适当的措施予以避免。错误误差是疏忽或过失造成的一种粗大误差，可以通过调整各类因素予以避免。随机误差是原因不明且数值不确定导致的误差，故该种误差不可避免。各类误差影响因素较多，相应的数值等也会受外界因素影响而发生变化。随着技术进步、工序调整和工艺改进，各类误差可被适当减小或避免。

2.4.1 生产工艺引起的构件尺寸误差

1. 设备引起的误差

即使是新的生产机具也在验收规范中规定了各主要部件间的不精确标准。如主轴的最大允许跳动量、机床本身—刀架和工作台导轨的非直线性、主轴中心线和导轨的不平行度、主轴中心线对工作台平面的不垂直度、机构运动链间的间隙和空回及分度与传动的不均匀性等。上述不精确度都是引起被加工部件尺寸发生误差的因素。在生产中的绝大多数机床精度略低，导致部件的尺寸误差更大。

2. 机床—工具—部件系统间位置变化引起的误差

机床—工具—部件系统间的位置变化主要有两种。第一种是三者彼此间存在间隙，并且间隙在切削力的作用下发生变化引起三者间的位移而造成部件尺寸误差。第二种是机床工具—部件弹性系统中，一种或几种刚性不足而产生大的变形或振动引起的误差。尤其是系统中的自振频率与强迫振动频率和相位接近而产生共振时，导致的制造误差更严重。

3. 工具精度和磨损引起的误差

切削工具中的成形刀具（如扩孔钻、铰刀、成形车铣刀、组合刀具、精冲模等）都具有一定的制造公差，它们的尺寸和外形误差整个地反映到被加工部件上。这类误差多属系统误差。此外，刀具在生产过程中产生磨损也是引起误差的根源。

4. 构件材料引起的误差

（1）锻铸件及经热处理的钢部件因内应力未完全消除，在切削加工后应力重分布导致尺寸和被加工面出现变形而导致误差。

（2）毛坯尺寸不均匀引起切削层厚度变化过大，导致刀具切削抗力变化而造成部件尺寸变化。

（3）毛坯硬度和强度不均匀，导致部件尺寸的变化。

5. 操作引起的误差

（1）部件装夹、安装位置不准确。如部件安装不到位、歪斜，垫有铁屑、脏物以及零件定位面本身毛刺未清理等。

（2）夹持零件过紧过松。夹持过紧引起零件局部变形，夹持过松导致切削受力产生位移等。

（3）对刀不准确或进刀看线不准确。

（4）试切法中，操作者测量不准确。

（5）切削用量不均匀引起切削力的变化。

（6）随意摔碰已加工完的部件引起的变形。

6. 管理措施引起的误差

（1）单薄或细长的部件在运输中因装卸和碰撞引起的变形。

（2）精密或易变形部件在存放保管中，由于堆积过多或由于放置位置不当而使部件变形等。

（3）部件转运、存放过程中，因保管不善而需进行补充清理引起的尺寸变化。

7. 环境条件引起的误差

环境条件和工况等也会引起尺寸的误差，如粉尘、油污、烟雾、温度的剧烈变化、设备周围大型冲压设备引起的振动等。

2.4.2 测量误差

测量误差在本质上有别于加工误差。它是用来反映测量结果与零件真实尺寸间存在的差别大小，差别越大则表示测量误差越大。引起测量误差的因素有：

（1）测量工具自身的误差——如测量工具的制造公差，测量仪器精度上的误差（包括测量工具被测量时的误差）和万能测量工具精度等级本身所固有的误差。

（2）温差引起的误差——检测量具时的标准温度与使用量具时温度差异引起的误差及测量工具与被测工件间的温度差引起的误差。对于高精度部件的尺寸较大时，后一种误差不可忽视。当量具与部件温度均已知时，可采用式（2-4）修正：

$$\Delta l = [a_1(t_1 - 20) - a_2(t_2 - 20)]L \tag{2-4}$$

式中：a_1 和 a_2 分别为工件材料和量具材料线膨胀系数；t_1 和 t_2 分别为工件和量具的温度；

L 为部件被测尺寸。

（3）测量力引起的误差——使用测量工具时用力大小不准将引起测量误差，如使用千分尺、游标卡尺等。测量力引起的变形量与工件和量头的材料、接触面几何形状、光洁度、热处理条件等有关。变形量的修正可按 Hertz 公式（2-5）进行：

$$\Delta l = K^3 \sqrt{\frac{F^2}{d}} \tag{2-5}$$

式中：F 为测量力；d 为接触直径；K 为与接触物体材料和形状有关的系数。

（4）判读引起的误差——主要是对有刻度和分划的测量工具，检测者在选取最小刻度间，指标位置的估读数据误差。

在工业大批量生产中，广泛使用极限量具。在极限量具的设计图纸中，规定了制造公差和磨损公差，从而把测量误差限制在较小的允许范围内。

2.5　随机数据处理与数学分布

2.5.1　随机数据及其特征数

具有随机误差的量和数称为随机数据，以 ξ 表示。具有连续量的数据称为随机变量，其值称为计量值。具有不连续的数称为随机变数，其值称为计数值。随机变量一般形成连续型分布，随机变数一般形成离散型分布。这些数据往往分散在一个范围里而多半是有集中倾向的一组数据。如何评价和分析这些数据，并求出有代表意义的数值，要按不同的目的来选取。有的取极限值（即最大值或最小值）、中心值（如算术平均值、中位值或众数等）或数据分散值（如方差、标准差等）。这些表示随机数据 ξ 的集中和分散程度的代表值统称为特征数。在数理统计中，最重要的特征值为平均值与方差。

1. 概率

表示随机事件中某事件发生的可能性或事件出现次数在极多次实践中所占的比例。设 n 随机事件中有 x 事件发生，则 x 事件发生的概率为：

$$P(x) = \frac{x}{n} \tag{2-6}$$

概率 $P(x)$ 的数值在 $0 \sim 1$ 之间。如果 x 事件一定发生，则 $P(x)=1$；完全不可能发生，则 $P(x)=0$。

2. 算术平均值

平均值的数学意义表示横轴线上一点，此点是直方图平衡中线的位置或者是面积重心的纵坐标轴线的位置，又称为一阶矩，见图 2-13。

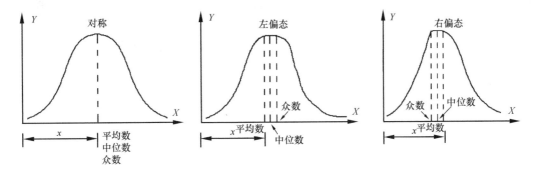

图 2-13　算术平均值

离散型分布：

$$\overline{x} = \frac{\sum\limits_{i=1}^{n} x_i}{n} \tag{2-7}$$

加权算术平均值：

$$\overline{x} = \frac{\sum\limits_{i=1}^{n} f_i x_i}{\sum\limits_{i=1}^{n} f_i} \tag{2-8}$$

当 $f_i = 1$，则 $\Sigma f_i = n$。此时，式(2-7)与式(2-8)相同。

直方图分布：

$$\overline{x} = \frac{1}{\sum\limits_{i=1}^{n} y_i} \Sigma x_i y_i \tag{2-9}$$

连续型分布：

$$\mu = \frac{\int_{-\infty}^{\infty} x \mathrm{d}A}{面积} = \frac{\int_{-\infty}^{\infty} x f(X) \mathrm{d}x}{\int_{-\infty}^{\infty} f(x) \mathrm{d}x} = \int_{-\infty}^{\infty} x f(x) \mathrm{d}x \tag{2-10}$$

由平均值可导出随机数据的数学期望这一统计学概念。当对随机数据进行长期观测或大数据统计时，所得的平均值就称为数学期望值。它又可定义为对所有可能的随机数据的总体的平均值，以 μ 或 $E(\xi)$ 表示。所有连续分布曲线的平均值也以 μ 表示。

实际上，概率本身就是一个数学期望的概念。若设一组离散型随机数据 $x_1, x_2, \cdots x_n$，其相应的概率为 p_1，p_2，$\cdots p_n$ 则该组数据的期望值为：

$$E(x) = \frac{\sum\limits_{i=1}^{n} p_i x_i}{\sum\limits_{i=1}^{n} p_i} = \sum\limits_{i=1}^{n} p_i x_i \tag{2-11}$$

3. 中位值

将随机数据按其大小顺序排列起来，位于中央的数据是中位值。因此，比中位值大的数据个数和比中位值小的数据个数相等。若数据个数为奇数，中位值就是中央的数据。如数据个数为偶数，则取中央两个数据的算术平均值作为中位值。中位值以 $\overline{x}$ 表示，见图 2-14。

中位值更一般的定义是：对于有权的数据绘制的直方图和连续分布曲线下的面积，划分为两个相等部分的值。即随机数据大于或小于中位值的概率都各等于1/2。

4. 众数

也称为最频繁值，是一组数据中个数最多的数值。当随机数据为连续分布时，众数是分布曲线函数 $f(x)$ 的值处。令 $f' = f'(x) = 0$ 即可求得众数 X_{m}，见图 2-15。

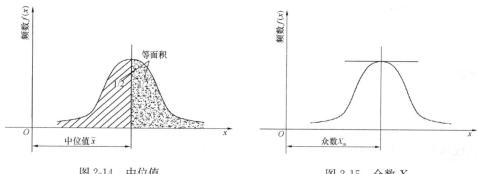

图 2-14　中位值　　　　　　　　　图 2-15　众数 X_{m}

5. 方差及标准差

方差及标准差都是表示随机数据分布分散程度的特征值，见图 2-16。总体和各种分布曲线的方差及标准差以 σ^2 及 σ 表示。从总体 ξ 中取出 n 个样品，x_1，x_2，$\cdots x_n$，它们相应的概率为 p_1，p_2，$\cdots p_n$ 则每个概率数据 x_i 与其期望值 $E(x_i)$ 之差称为偏差。偏差的二次方 $[x_i - E(x_i)]^2$ 也是一个概率数据，它的期望值称为方差，以 $V(x)$ 表示[有的资料以 $D(x)$ 表示]。具体内容如下：

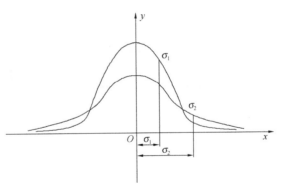

图 2-16　标准差

$$V(x) = E\{[x_i - E(x_i)]^2\} = \sum\{[x_i - E(x_i)]^2\}p_i$$
$$= \sum\{x_i^2 p_i - 2x_i p_i E(x_i) + [E(x_i)]^2 p_i\}$$
$$= \sum x_i^2 p_i - 2E(x_i)\sum x_i p_i + [E(x_i)]^2 \sum p_i$$
$$= \sum x_i^2 p_i - 2E(x_i)E(x_i) + [E(x_i)]^2 \tag{2-12}$$

式（2-12）中 $\sum x_i p_i = E(x_i) \sum p_i = 1$，$\sum x_i^2 p_i = E(x_i^2)$，故式（2-12）可简化为 $V(x) = E(x_i^2) - [E(x_i)]^2$。为计算方便，取方差 $V(x)$ 的正平方根称为标准差（又称为标准偏差），以 $D(x)$ 表示：

$$D(x) = \sqrt{V(x)} = \sqrt{\sum x_i^2 p_i - (\sum x_i p_i)^2} \tag{2-13}$$

6. 极差

一级随机数据中，极大值与极小值之差称极差，以 R 表之。极差愈大，表示随机数据愈分散；极差愈小，表示随机数据愈集中。极差与公差有相似的形式，但含义不同。具体情况见图 2-17。

$$R = x_{\max} - x_{\min} \tag{2-14}$$

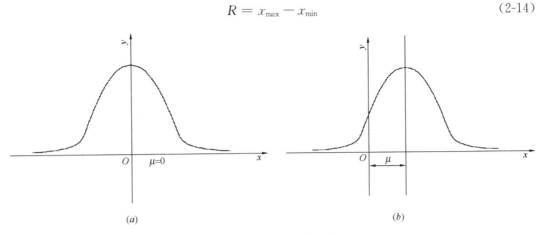

(a)   *(b)*

图 2-17　原点矩及中心矩

（a）原点矩 $\mu = 0$；（b）中心矩 $\mu \neq 0$

因极差与标准差相似，可表征随机数据分散程度。因此，可利用极差简便而近似地求标准差的估计值：

$$\hat{\sigma} = \frac{1}{d}R \tag{2-15}$$

式（2-15）中 d 是与抽样数有关的常数，具体取值见表 2-6。

抽样数有关的常数 d 的取值　　　　　　　表 2-6

样本数 n	2	3	4	5	6	7	8	9	10
d	1.128	1.693	2.059	2.326	2.534	2.709	2.847	2.970	3.078

2.5.2　分布特征数

若要了解一组随机数据分布特性，还应研究数据的分布情况、分布曲线的有关形状和对称等分布特性。通常涉及的几种分布特征数如下：

1. 分布不对称系数

分布不对称系数 α 是分布曲线的重要特征数。当随机数据不对称分布时，其不对称程度用分布不对称系数 α 来表示。相应的分布平均值 μ（或随机数据平均值 $\overline{x}$）与公差（或偏差范围）中心错开一个距离 d。α 的定义是分布曲线下，面积重心（即平均值 μ）到偏差中心线（即中间偏差 e）的距离 d 与偏差半量之比。α 值愈大，则不对称情况愈严重。α 有正、负值，正值表示曲线凸峰居于右侧，负值表示曲线凸峰居于左侧。当分布曲线对称时，α 为零。相应的示意图，见图 2-18。

$$a = \frac{平均值\,\mu\,到偏差中心线距离}{公差（偏差）半量} = \frac{d}{\delta/2} = \frac{\mu - e}{\delta/2} \tag{2-16}$$

$$\mu = e + a\frac{\delta}{2} \tag{2-17}$$

$$d = a\frac{\delta}{2} \tag{2-18}$$

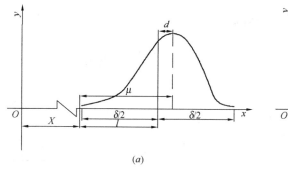 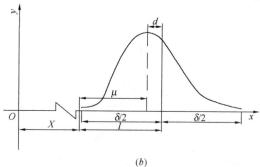

(a) 　　　　　　　　　　　　　　(b)

图 2-18　分布不对称系数 a

(a) a 为正；(b) a 为负

2. 相对标准差和相对分布差异系数

尺寸偏差分布的相对标准差 λ 是其标准差与其公差半量的比值，相应的相对方差为 λ'：

$$\lambda = \frac{\sigma}{\delta/2} \tag{2-19}$$

$$\lambda' = \lambda^2 = \left(\frac{\sigma}{\delta/2}\right)^2 \tag{2-20}$$

正态分布是最基本和常用的一种分布，故以正态曲线作为基准。相对差异系数 κ 是反映实际分布与正态分布的相关程度。令 λ 为任意分布的相对标准差，λ_n 为正态分布的相对标准差，则任意分布的相对分布差异系数 κ 可表示为：

$$\kappa = \frac{\lambda}{\lambda_n} \tag{2-21}$$

由式（2-21）可知，λ 是与不合格率的取值相关联的，故 κ 也与所取不合格率有关。$P(\bar{t})$ 在一般理论计算中称为率，在实际计算合格率时又称为不合格率。符合正态分布时，常取不合格率 $P(\bar{t}) = 0.27\%$，即按 3σ 法则，将 $\delta = 6\sigma$ 代入式（2-21）中，可得：

$$\lambda_n = \frac{\sigma}{6\sigma/2} = \frac{1}{3} \tag{2-22}$$

$$\kappa = 3\lambda \tag{2-23}$$

故得正态分布的相对分布差异系数为：

$$\kappa_n = 3 \times \frac{1}{3} = 1 \tag{2-24}$$

当概率密度函数已知时，可求得该分布的标准差 δ。可求出下述分布的相对分布差异系数 κ。均匀分布、等量增大分布和等量减少分布分别为：

$$\kappa = 3\lambda = 3\frac{\dfrac{\delta}{2\sqrt{3}}}{\delta/2} = \sqrt{3} = 1.7321 \tag{2-25}$$

$$\kappa = 3\lambda = 3\frac{\dfrac{\delta}{2\sqrt{3}}}{\delta/2} = \sqrt{2} = 1.4142 \tag{2-26}$$

$$\kappa = 3\lambda = 3\frac{\dfrac{\delta}{2\sqrt{6}}}{\delta/2} = \frac{3}{\sqrt{6}} = \sqrt{1.5} = 1.2247 \tag{2-27}$$

3. 置信系数

置信系数 t 可定义为以该分布（$\mu = 0$）的标准差 δ 为单位的置信限或公差限，可表示为：

$$t = \frac{\kappa}{\sigma}\left(\text{或}\frac{\delta/2}{\sigma}\right) \tag{2-28}$$

比较式（2-28）与式（2-29），可知 t 与 λ 互为倒数关系：

$$t = \frac{1}{\lambda} = \frac{3}{\kappa} \tag{2-29}$$

同理可知，t 与危率有关。以正态分布为例，对于 $P(\bar{t}) \neq 0.27\%$ 的危率，也有不同的标准差 δ 和公差限 κ。因而有不同的置信系数 t，以 σ'、t' 表之。当 $\sigma = 1$ 时，则 $t = x$。

常用分布的有关参数 μ、σ、t、a、λ'、λ、κ 见表 2-7。

各分布参数取值

表2-7

序号	分布名称	分布曲线简图	分布密度函数	分布参数				系数	
				均值 μ	标准差 σ	置信系数 t	α	λ' (λ)	κ
1	$\pm 3\sigma$ 正态分布 $N(\mu,\sigma)$		$p(x)=\dfrac{1}{\sigma\sqrt{2\pi}}e^{-\frac{(x-\mu)^2}{2\sigma^2}}$ μ 及 $\sigma>0$ 为常数 $0<x<\delta$	μ	$\dfrac{1}{6}\delta$ 0.1667δ	3	0		1
				$P(\bar t)$	标准差 σ'	置信系数 t'	α	λ' (λ)	κ
2	双侧截尾 正态分布		$p(x)=\dfrac{1}{[1-p(\bar t)]\sigma\sqrt{2\pi}}e^{-\frac{x^2}{2\sigma^2}}$ $\|x\|<t\sigma$	2% 6% 10% 20%	0.9412 0.86 0.79 0.66	2.4756 2.1977 2.0759 1.9394	0 0 0 0	0.1627 (0.4033) 0.2055 (0.4533) 0.2304 (0.48) 0.2669 (0.5167)	1.21 1.36 1.44 1.55
				$P(\bar t)$	σ'	t'	α	λ' (λ)	κ
3	单侧截尾 正态分布		$p(x)=\dfrac{1}{p(\bar t)\sigma\sqrt{2\pi}}e^{-\frac{x^2}{2\sigma^2}}$ $-3\sigma\leq x\leq t\sigma$	5% 10% 25% 50%	0.9048 0.8417 0.734 0.605	2.5669 2.5476 2.5171 2.4993	0.25 0.31 0.40 0.47	0.1521 (0.39) 0.1547 (0.3933) 0.16 (0.4) 0.1627 (0.4033)	1.17 1.18 1.20 1.21
4	均匀分布 （相等概率分布）		$p(x)=\dfrac{1}{\delta}$ $\|x\|<\dfrac{\delta}{2}$		$\delta/2\sqrt{3}$ 0.2887δ	1.73	0	0.3325 (0.5767)	1.73

序号	分布名称	分布曲线简图	分布密度函数	分布参数				系数		
				μ	σ	t'	α	λ'(λ)	κ
5	等腰三角形分布（辛普生分布）		$p(x)=\dfrac{4x}{\delta^2},\ 0\leq x\leq\dfrac{\delta}{2}$；$p(x)=\dfrac{4}{\delta^2}(\delta-x),\ \dfrac{\delta}{2}<x\leq\delta$	$\delta/2$	$\delta/2\sqrt{6}$ $0.20\,\delta$	2.45	0	0.1667 (0.4082)	1.2247
6	直角三角形分布（等量增大分布）		$p(x)=\dfrac{2x}{\delta^2},\ 0\leq x\leq\delta$；$p(x)=\dfrac{2}{\delta^2}(\delta-x),\ 0\leq x\leq\delta$	$2\delta/3$ $\delta/3$	$\delta/3\sqrt{2}$ $0.24\,\delta$	2.12 2.12	0.33 −0.33	0.2222 (0.4714)	1.4142 1.4142
7	瑞利分布		$p(x)=\begin{cases}\dfrac{p}{\sigma^2}e^{-\frac{p^2}{2\sigma^2}}, & 0\leq \rho\leq\infty\\[4pt] 0, & \rho\leq 0\end{cases}$	μ $\sqrt{\dfrac{\pi}{2}}\,\sigma$ 1.25σ	σ_r $\sqrt{\dfrac{4-\pi}{2}}\,\sigma$ 0.66σ	t' 2.63	α −0.28	$\lambda'(\lambda)$ 0.1444 (0.38)	κ 1.14
8	正态与均匀混合分布		$p(x)=\dfrac{1}{2l\sqrt{2\pi}\,\sigma}\displaystyle\int \dfrac{1}{\sigma^2}e^{-\frac{x^2}{2\sigma^2}}\,\mathrm{d}x$，$\ \lvert x\rvert<t^2\sigma^2$	$\dfrac{1}{3}\sigma$ 2/3 1 2 3	σ' $1.5\,\sigma$ $2\,\sigma$ $3.6\,\sigma$ $5.3\,\sigma$	t' 2.72 2.52 2.17 2.01	α 0 0 0 0	$\lambda'(\lambda)$ 0.1344 (0.3666) 0.1573 (0.3967) 0.2116 (0.46) 0.2467 (0.4967)	κ 1.10 1.19 1.38 1.49

续表

序号	分布名称	分布曲线简图	分布密度函数		分布参数		系数	
9	反双三角分布		$p(x) = -\dfrac{4x}{\delta^2}$ $-\dfrac{\delta}{2} \leqslant x \leqslant 0$ $p(x) = \dfrac{4x}{\delta^2}$ $0 \leqslant x \leqslant \dfrac{\delta}{2}$		$\delta/2\sqrt{2}$ 0.35 δ	1.41	0.4994 (0.7067)	2.12
10	反双正态分布		$p(x) = \dfrac{1}{\sigma\sqrt{2\pi}} e^{-\frac{(x-\mu)^2}{2\sigma^2}}$ $\|x\| \leqslant \dfrac{\delta}{2}$				0.5777 (0.76)	2.28
11	反正弦分布		$p(x) = \dfrac{1}{\pi\sqrt{\left(\dfrac{\delta}{2}\right)^2 - x^2}}$ $\|x\| \leqslant \dfrac{\delta}{2}$		$\delta/2\sqrt{2}$ 0.35 δ	2.45	0.4994 (0.7067)	2.12
12	反双梯形分布		$p(x) = h_1 - \dfrac{(h_1 - h_2)}{\delta}x$ $0 < x < \dfrac{\delta}{2}$ $p(x) = \dfrac{(h_1 - h_2)}{\delta}x - h_1$ $-\dfrac{\delta}{2} < x < 0$	$\dfrac{h_2}{h_1}$ 2 3			0.3885 (0.6233) 0.4182 (0.6467)	1.87 1.94

2.5.3 随机数据表征与函数形式

随机数据分析过程中，将已知的一组随机数据按适当间隔分级，列出每一级中的数据个数（以 f_1 表示，即频率数），可制成相应的直方图，见图 2-19。分级数的多少与随机数据的数量 n 有关，分级太少则精度低，太多可能导致曲线分散。将直方图各矩形顶部中点连成平滑曲线，见图 2-19（a）。若数据量大且分级合理，则获得的曲线愈平滑。将纵轴以概率（频率）y 表示，可得到函数形式为：

$$y = p(x) \tag{2-30}$$

式（2-30）称为分布的概率密度函数。纵轴数据越大，表示该尺寸出现的概率越大或密度越大。

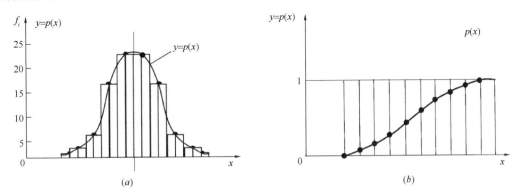

图 2-19 概率密度及分布曲线
（a）概率密度曲线；（b）概率分布曲线

从随机变数 x 的最小点起，依次将概率密度函数进行累积，所形成的函数叫作概率分布函数，又称概率累积函数，以 $p(x)$ 表示，见图 2-19（b）。

$$P(x) = \int_{-\infty}^{x} p(x) \mathrm{d}x \tag{2-31}$$

2.5.4 构件偏差数据分布类型

随机数据性质不同会导致其分布函数存在差异。针对常见数据分析中，主要涉及两类分布函数，即数值与量值的分布。对于出现问题的构件数值，发生随机变数的数据只能是数轴上有限个孤立的值，通常表现为二项式分布、超几何分布和泊松分布等，这类分别称为离散型分布（图 2-20）。对于随机变量的数据是尺寸、重量、时间等可能取数轴上区间内的一切值，通常表现为指数分布和正态分布等，这类分布称为连续型分布（图 2-21）。用数学公式来定义这两类分布，可表示为如下形式。

离散型分布：

$$P(x) = \sum_{i=-\infty}^{\infty} p_i(x) = 1 \tag{2-32}$$

连续型分布：

$$P(x) = \int_{-\infty}^{\infty} p(x) \mathrm{d}x = 1 \tag{2-33}$$

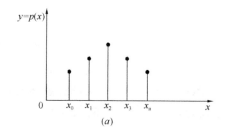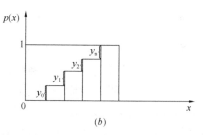

图 2-20 离散型分布

(a) 概率密度函数；(b) 概率分布函数

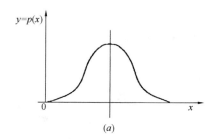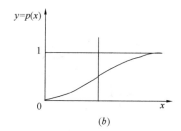

图 2-21 连续型分布

(a) 概率密度函数；(b) 概率分布函数

为了更好地开展构件误差或偏差分析，本节对各种类型的数学分布定义及其特征进行介绍，具体如下：

1. 二项式分布

二项式分布研究两个基本对立事件 x 和 $\overline{x}$ 的概率分布。它们是典型的离散型分布，主要涉及三个常数：试验次数 n、x 事件发生的概率 $p(x)$ 和 $\overline{x}$ 事析不发生的概率 $p(\overline{x})$。设 $p(x) = p$、$p(\overline{x}) = q$ 和 $p + q = 1$，具体分析过程如下：

1 次试验：二种情况

$$\left.\begin{array}{l} x - p \\ \overline{x} - q \end{array}\right\} p + q = (p + q)^1$$

2 次试验：四种情况

$$\left.\begin{array}{l} x, x - p^2 \\ x, \overline{x} - pq \\ \overline{x}, x - pq \\ \overline{x}, \overline{x} - q^2 \end{array}\right\} p^2 + 2pq + q^2 = (p + q)^2$$

3 次试验：八种情况

$$p^3 + 3p^2q + 3pq^2 + q^3 = (p + q)^3$$

n 次试验：

$$(p + q)^n = p^n + C_n^1 p^{n-1} q + C_n^2 p^{n-2} q^2 + \cdots + C_n^{n-1} pq^{n-1} + q^n = \Sigma C_n^k p^{n-k} q^k \qquad (2\text{-}34)$$

式（2-34）中 $C_n^k p^{n-k} q^k$ 表示在 n 次试验中 x 事件发生 $n-k$ 次和 $\overline{x}$ 事件发生 k 次的概率。若把 x 看作随机数据，则概率密度函数 $p(x)$ 可表示为：

$$y = p(x) = C_n^k p^{n-k} q^k \qquad (2\text{-}35)$$

当 $n \to \infty$ 时，二项式分布接近于正态分布，故可以用正态分布来表征：

$$y = \frac{1}{\sqrt{2\pi npq}} e^{-\frac{1}{2}\left(\frac{x-np}{\sqrt{npq}}\right)} = \frac{1}{\sqrt{2\pi}\sigma} e^{-\frac{1}{2}\left(\frac{x-\mu}{\sigma}\right)^2} \tag{2-36}$$

所得的二项式分布的平均值和标准差可表示为：

$$\mu = np \tag{2-37}$$

$$\sigma^2 = npq \tag{2-38}$$

泊松（Poisson）分布是二项式分布的特例，也属于离散型分布。当二项式分布中 p（或 q）非常小（如在 0.1 以下），而 n 较大时，则称为稀疏分布。

若 n 增大时而 np 始终保持等于 m_0 时，则 $p = \frac{m_0}{n}$。将其代入式（2-35），可得到下述表达式：

$$y \Rightarrow \frac{m_0^k e^{-m_0}}{k!} \tag{2-39}$$

稀疏分布主要体现为两种形状（图 2-22）。对于二项式分布，当 p 很小时，曲线形状如左边 i（图 2-22），其高峰在左边，分布称为 i 形分布。当 q 很小时，曲线形状如右边 j（图 2-22），其高峰在右边，分布称为 j 形分布。

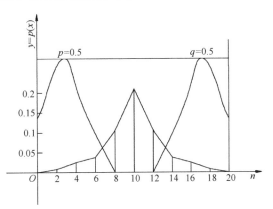

图 2-22 二项式分布（$p = q = 0.5$）

2. 正态分布

工程加工和测量中所出现的各种误差属于随机数据，大多数分布数学模型可用正态分布来描述。正态分布在误差分析中又称为高斯（Gauss）分布，其分布曲线是中间凸出、两端下凹对称型的钟形曲线。正态分布是工业上应用最广泛的一种连续型分布，它的特点主要为：随机数据（误差）的观察和测量数愈大，则曲线愈平滑愈对称；大小相同的正负随机数据（误差）的数目大约相等，曲线左右两边对称；小的随机数据（误差）比大的随机数据（误差）为常见，很大的随机数据（误差）不会出现。

正态分布曲线的概率密度函数可表示为：

$$y = p(x) = \frac{1}{\sigma\sqrt{2\pi}} e^{-\frac{1}{2}\left(\frac{x-\mu}{\sigma}\right)^2} \left(\begin{array}{c} -\infty < x < +\infty \\ \sigma > 0 \text{ 为常数} \end{array} \right) \tag{2-40}$$

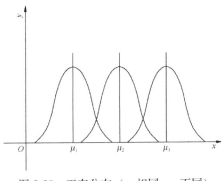

图 2-23 正态分布（σ 相同，μ 不同）

该分布由两个主要参数：平均值 μ 和标准差 σ 来确定，可表示为 N（μ，σ）。当平均值 μ 与标准差 σ 各有不同值时，其分布曲线见图 2-23 和图 2-24。

由图 2-24 可知，σ 愈小表明随机数据（误差）集中程度大、分散度小。反之，σ 愈大表明随机数据（误差）集中程度小、分散度大。

对式（2-40）取一阶、二阶导数，则可得到：

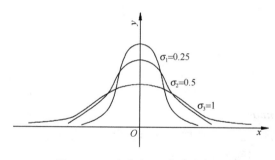

图 2-24　正态分布（μ 相同，σ 不同）

$$f'(x) = \frac{\mathrm{d}f(x)}{\mathrm{d}x} = -\frac{1}{\sigma^2}(x-\mu)f(x)$$

(2-41)

$$f''(x) = \frac{\mathrm{d}f(x)}{\mathrm{d}x} = -\frac{1}{\sigma^2}\Big[1-\Big(\frac{x-\mu}{\sigma}\Big)^2\Big]f(x)$$

(2-42)

令 $f'(x)=0$，当 $x=\mu$ 时，$f(x)$ 出现最大值。

令 $f''(x)=0$，$x=\mu\pm\sigma$ 时，$f(x)$ 出现拐点。

为便于计算，对式(2-40)进行坐标变换。将 μ 移至 0 处(即 $\mu=0$)，将横坐标移至以 σ 为单位，令 $t=\dfrac{x-\mu}{\sigma}=\dfrac{n}{\sigma}$ 代入(2-40)中，可得：

$$y=\frac{1}{\sigma\sqrt{2\pi}}e^{-\frac{t^2}{2}}$$

(2-43)

再令式(2-43)中 $\sigma=1$，得

$$y=\frac{0.39894}{e^{\frac{t^2}{2}}}$$

(2-44)

由式(2-44)，可得

$$t=\sqrt{2\ln\Big(\frac{0.39894}{y}\Big)}$$

(2-45)

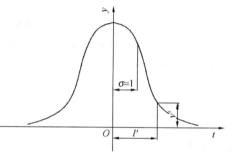

图 2-25　标准化正态曲线

式(2-45)和图 2-25 是标准化正态分布 $N(0,1)$ 的标准化正态函数及曲线。统计学中的数表均是按式(2-45)计算的，但有的数表公式中常以 x 代替 t，但两者意义相同。

对于正态分面函数 $P(t)$，在统计学数表中有下列几种不同的取值方法：

$$P_1(t)=\int_0^t \frac{1}{\sqrt{2\pi}}e^{-\frac{t^2}{2}}\mathrm{d}t \qquad (\text{图 } 2\text{-}26a)$$

(2-46)

$$P_2(t)=\int_{-\infty}^t \frac{1}{\sqrt{12\pi}}e^{-\frac{t^2}{2}}\mathrm{d}t=P_1(t)+0.5 \qquad (\text{图 } 2\text{-}26b)$$

(2-47)

$$P_3(t)=\int_{-t_1}^{t_2} \frac{1}{\sqrt{2\pi}}e^{-\frac{t^2}{2}}\mathrm{d}t \qquad (\text{图 } 2\text{-}26c)$$

(2-48)

当 $|t_1|=|t_2|$ 时，则：

$$P_3(t)=2\int_0^t \frac{1}{\sqrt{2\pi}}e^{-\frac{t^2}{2}}\mathrm{d}t=2P_1(t)$$

(2-49)

$$P_4(t)=\int_t^\infty \frac{1}{\sqrt{2\pi}}e^{-\frac{t}{2}}\mathrm{d}t=1-P_2(t) \qquad (\text{图 } 2\text{-}26b)$$

$$=0.5-P_1(t)$$

(2-50)

当没有正态密度分布及其分布函数表时，可用下述方法进行近似计算，其精度足够满足工程使用要求。

若已知 t，则可求出 $P(t)$：

$$P(t) \approx \frac{1}{2}\sqrt{1-e^{-0.623t^2}} \qquad (2\text{-}51)$$

若已知 $P(t)$，则可求出 t：

$$|t| \approx \sqrt{-\frac{1}{0.623}\ln[1-4P(t)^2]} \qquad (2\text{-}52)$$

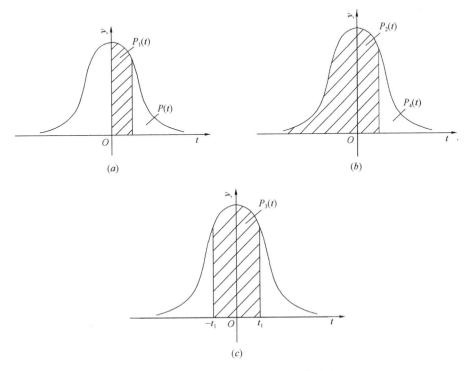

图 2-26 正态分布函数的三种取值方法

3. 正态分布的变型

当设计公差 δ 小于实际制造可能达到的误差范围，即工程能力不足（$C_p<1$）时，就会产生截尾分布而导致不合格率增大。另外，在产品尺寸精度要求过高时也常会出现该情况，见图 2-27。

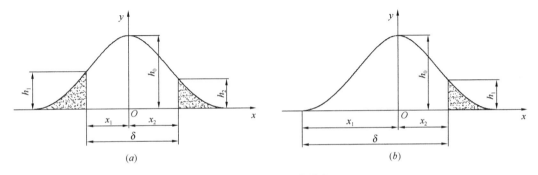

图 2-27 截尾正态分布

（a）双侧截尾；（b）单侧截尾

截尾正态分布由于 h_1，h_2 值的不同，有三种情况：

（1）$h_1 \neq h_2$，双侧截尾

该情况见图 2-28。若用示例说明计算方法，设 $x_1 = -1.2$，$x_2 = 2$，取 x_1 的间距 $h = 0.2$，相应的数据计算列入表 2-8 中。

示例数据 表 2-8

序号	x_i	y_i	$x_i y_i$	$x_i - \bar{x}$	$(x_i - \bar{x})^2$	$(x_i - \bar{x})^2 y_i$
1	−1.2	0.19419	−0.233028	−1.344	1.8063	0.35076
2	−1.0	0.24197	−0.24197	−1.144	1.3087	0.31666
3	−0.8	0.28969	−0.231752	−0.944	0.8911	0.25814
4	−0.6	0.33322	−0.199932	−0.744	0.5535	0.18444
5	−0.4	0.36827	−0.147308	−0.544	0.2959	0.10897
6	−0.2	0.39104	−0.078208	−0.344	0.1183	0.04626
7	0	0.39894	0	−0.144	0.0207	0.00826
8	0.2	0.39104	0.078208	+0.056	0.0031	0.00121
9	0.4	0.36827	0.147308	+0.256	0.0655	0.02412
10	0.6	0.33322	0.199932	+0.456	0.2079	0.06928
11	0.8	0.28969	0.231752	+0.656	0.4303	0.12465
12	1.0	0.24197	0.24197	+0.456	0.7327	0.17729
13	1.2	0.19419	0.233028	+1.056	1.1151	0.21654
14	1.4	0.14973	0.209622	+1.256	1.5775	0.23620
15	1.6	0.11092	0.177472	+1.456	2.1193	0.23514
16	1.8	0.07895	0.14211	+1.656	2.7423	0.21650
17	2.0	0.05399	0.10798	+1.856	3.4447	0.18598
		$\sum y_i$ $=4.42929$	$\sum x_i y_i$ $=0.637184$			$\sum x_i^2 y_i$ $=2.76040$

则有：

$$\bar{x} = \frac{1}{\sum y_i} \sum x_i y_i = \frac{0.637184}{4.42929} = 0.144$$

$$\hat{\sigma}^2 = \frac{1}{\sum y_i} \sum (x_i - \bar{x})^2 y_i = \frac{2.76040}{4.42929} = 0.62322$$

以平均值 $\bar{x}$ 为基准的标准差 $\hat{\sigma} = \pm 0.7894$；

以 y 轴为基准的标准差 $+\hat{\sigma} = 0.144 + 0.7894 = 0.9334$，$-\hat{\sigma} = 0.144 - 0.7894 = -0.6454$。

以 y' 轴为基准、δ 为单位的标准差，起点在 $x = -1.2$ 处。相应的标准差为：

$$+\hat{\sigma} = \frac{1.2 + 0.9334}{1.2 + 2}\delta = 0.6667\delta$$

$$+\hat{\sigma} = \frac{1.2 - 0.6454}{3.2}\delta = 0.1733\delta$$

则不合格率可表示为：

$$P(\bar{t}) = 1 - \left[\frac{1}{\sqrt{2\pi}}\int_0^{t_1} e^{-\frac{t^2}{2}}\mathrm{d}t + \frac{1}{\sqrt{2\pi}}\int_0^{t_2} e^{-\frac{t^2}{2}}\mathrm{d}t\right]$$

$$= 1 - \left[P(t_1) + P(t_2)\right]$$

根据前面已知 $x_1 = t_1 = -1.2$，$x_2 = t_2 = 2$，故可得到：

$$P(t_1) = 0.38493$$

$$P(t_2) = 0.47725$$

$$\alpha = \frac{\mu - e}{\delta/2} = \frac{0.144}{3.2/2} = 0.09$$

$$k = 3\lambda = 3\frac{\hat{\sigma}}{\delta/2} = \frac{3 \times 0.7894}{1.6} = 1.4801$$

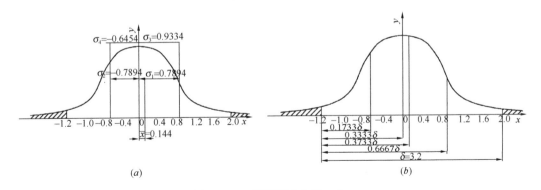

图 2-28　双侧截尾分布的 x 和 σ

（2）$h_1 = h_2$，对称双侧截尾

该分布见图 2-29。若以 $C = \dfrac{h}{h_0}$ 表示截尾程度，C 值愈大则表示截尾愈严重，相应的不合格率愈高。

示例：设不合格率 $P(\bar{t}) = 2\%$，求有关各值。

$$P(t) = \frac{1}{\sqrt{2\pi}}\int_0^x e^{-\frac{t^2}{2}}\mathrm{d}t = \frac{1}{2}(1 - 0.02) = 0.4900$$

$h_0 = 0.39894$，$x = 2.33$　$y = 0.0264$，$C = \dfrac{0.0264}{0.39894} = 0.0662$，$x_i$ 取间距 $h = 0.225$，相应的 y_i 列入表 2-9 中。

由于 x_i 在两端的间隔为 0.08 而不是 0.25，作近似计算，未将 x_i 所对应的 y_i 及 $x_i^2 y_i$ 计入 $\sum y_i$ 及 $\sum x_i^2 y_i$ 中。

y_i 取值

表 2-9

序号	x_i	y_i	$x_i{}^2$	$x_i{}^2 y_i$
1	−2.33	0.02643	5.4289	0.14349
2	−2.25	0.03174	5.0625	0.16068
3	−2.00	0.05399	4.0000	0.21596
4	−1.75	0.8628	3.0625	0.26423
5	−1.50	0.12952	2.2500	0.29142
6	−1.25	0.18265	1.5625	0.28539
7	−1.00	0.24197	1.0000	0.24197
8	−0.75	0.30114	0.5625	0.16939
9	−0.50	0.35207	0.2500	0.08802
10	−0.25	0.38667	0.0625	0.02417
11	0	0.39894	0	0
12	0.25	0.38667	0.0625	0.02417
13	0.50	0.35207	0.2500	0.08802
14	0.75	0.30114	0.5625	0.16939
15	1.00	0.24197	1.0000	0.24197
16	1.25	0.18265	1.5625	0.28539
17	1.50	0.12952	2.2500	0.29142
18	7.75	0.08628	3.0625	0.26423
19	2.00	0.05399	4.0000	0.21596
20	2.25	0.03174	5.0625	0.16068
21	2.33	0.02643	5.4289	0.14349
		$\sum y_i$ $= 3.9310$		$\sum x_i{}^2 y_i$ $= 3.48242$

$$\hat{\sigma}'^2 = \frac{3.48242}{3.93100} = 0.88589$$

$$k = 3\lambda = 3\frac{\hat{\sigma}'}{\delta/2} = \frac{3 \times 0.9412}{2.33} = 1.21185$$

又因 $t\sigma = t'\hat{\sigma}'$

σ 为 $P(\bar{t}) = 0.27\%$ 时的标准正态分布的标准差。

$$\therefore \quad t' = \frac{2.33}{0.9412} = 2.4756$$

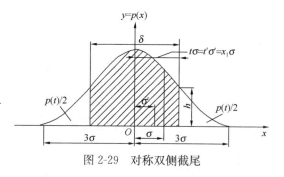

图 2-29　对称双侧截尾

（3）h_1 或 $h_2 \rightarrow 0$，单侧截尾

分布见图 2-30。当双侧截尾中 h_1 或 h_2 趋近于零时，则形成左侧或右侧截尾。这种情形发生在加工时包容尺寸或被包容尺寸有人为倾向性的场合。所谓有倾向性加工，即工人在采用试制生产时，加工部件的包容尺寸按公差下限加工，则会出现部件尺寸多集中于公差上限，见图 2-30（b）。

4. 均匀分布（又称矩形分布）

部件孔洞、预埋件位置偏差分布经常呈均匀分布，在部件尺寸方面出现均匀分布则是

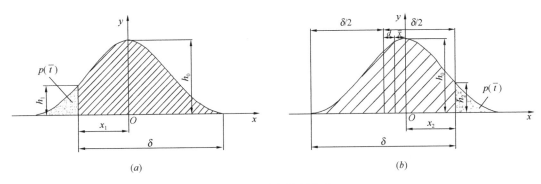

图 2-30　单侧截尾分布

(a) 包容件；(b) 被包容件

由于加工系统中，有某种系统误差居于主要影响的原因。均匀分布见图 2-31。

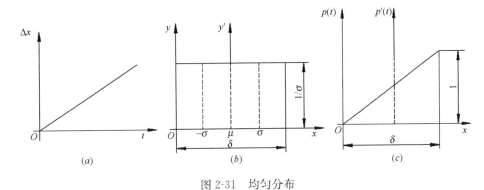

图 2-31　均匀分布

均匀分布的概率密度函数可表示为：

$$y = p(x) = \frac{1}{\delta} \tag{2-53}$$

平均值、方差和标准差（若取 y' 轴，则 $\mu = 0$）可表示为：

$$\mu = \int_0^\delta \cdot xp(x)\mathrm{d}x = \frac{1}{\delta}\int_0^\delta x\mathrm{d}x = \frac{\delta}{2} \tag{2-54}$$

$$\sigma^2 = \int_{-\delta/2}^{\delta/2} x^2 p(x)\mathrm{d}x = \frac{1}{3\delta}(x^3)_{-\delta/2}^{\delta/2} = \frac{\delta^2}{12} \tag{2-55}$$

$$\sigma = \frac{\delta}{\pm\sqrt{12}} = \pm\frac{\delta}{2\sqrt{3}} = 0.2887\delta \tag{2-56}$$

相应的 k 和 t 可表示为：

$$k = 3\lambda = 3\frac{\sigma}{\delta\sqrt{2}} = \sqrt{3} = 1.73 \tag{2-57}$$

$$t = \frac{1}{\lambda} = \frac{\delta/2}{\delta/2\sqrt{3}} = \sqrt{3} = 1.73 \tag{2-58}$$

5. 三角形分布

由于存在某种决定性因素，随机数据按时间不均匀变化时，可能形成三角形分布。如某决定性因素，在前一段时间内变化慢（oa 段），而后一段时间内变化快（ab 段），则所得的曲线为有一拐点的曲线，见图 2-32（a）。概率密度函数是由一任意三角形的两边 OA、OB 形成的折线，见图 2-32（b）。相应的函数形式可表示为：

$$y_1 = p_1(x) = \frac{2x}{a\delta} \tag{2-59}$$

$$y_2 = p_2(x) = \frac{2(\delta - x)}{\delta(\delta - a)} \tag{2-60}$$

求平均值：

$$\mu = \mu_1 + \mu_2 = \int_0^a x \frac{2x}{a\delta} \mathrm{d}x + \int_a^\delta \frac{2(\delta - x)}{\delta(\delta - x)} x \mathrm{d}x$$

$$= \frac{2}{a\delta}\left(\frac{x^3}{3}\right)_0^a + \frac{2\delta}{\delta(\delta - a)}\left(\frac{x^2}{2}\right)_a^\delta - \frac{2}{\delta(\delta - a)}\left(\frac{x^3}{3}\right)_a^\delta$$

$$= \frac{\delta + a}{3} \tag{2-61}$$

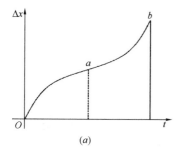 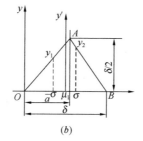 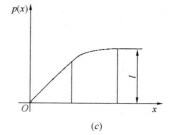

图 2-32 三角形分布

若 △OAB 为等腰三角形，即称为辛浦生分布，此时 $a = \dfrac{\delta}{2}$。结合式（2-59），则可得：

$$\mu = -\frac{2}{3}\delta \tag{2-62}$$

由式（2-60），可得：

$$\mu = -\frac{\delta}{2} \tag{2-63}$$

方差和标准差可表示为：

$$\sigma^2 = \frac{1}{18}(\delta^2 - \delta a + a^2) \tag{2-64}$$

$$\sigma = \pm\frac{1}{3\sqrt{2}}\sqrt{\delta^2 - \delta a + a^2} = \pm 0.2357\sqrt{\delta^2 - \delta a + a^2} \tag{2-65}$$

当为等量增大分布时，将 $a = \delta$ 代入式（2-65），可得：

$$\delta = \pm\frac{\delta}{3\sqrt{2}} = \pm 0.2357\delta \tag{2-66}$$

$$k = 3\lambda = 3\frac{\sigma}{\delta/2} = 3\frac{\frac{\delta}{3\sqrt{2}}}{\delta/2} = \sqrt{2} = 1.414 \tag{2-67}$$

$$t = \frac{1}{\lambda} = \frac{\delta/2}{\sigma} = \frac{3}{\sqrt{2}} = 2.1213 \tag{2-68}$$

当为辛浦生分布时，$a = \delta/2$，代入式（2-65），可得：

$$\delta = \pm \frac{\delta}{2\sqrt{6}} = \pm 0.2041\delta \tag{2-69}$$

$$k = 3\lambda = 3\frac{\sigma}{\delta/2} = 3\frac{\frac{\delta}{2\sqrt{6}}}{\delta/2} = \frac{3}{\sqrt{6}} = 1.2247 \tag{2-70}$$

$$t = \frac{1}{\lambda} = \frac{\delta/2}{\sigma} = \sqrt{6} = 2.4495 \tag{2-71}$$

若把正态分布整个地简化为等腰三角形分布时，则正态分布计算更可简化，见图 2-33。

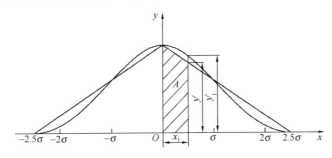

图 2-33　三角形代替正态分布

6. 瑞利分布

机械工程中，轴承、齿轮、轴等的跳动和偏心等符合瑞利分布（Rayleigh）。设 x、y 为两个独立的随机变量，并均服从正态分布 $N(0, \sigma)$。若令 $\sigma_x = \sigma_y = \sigma$，则可求 $\sqrt{x^2 + y^2}$ 的概率密度函数。相应的 x 和 y 两个正态概率密度函数可表示为：

$$p(x) = \frac{1}{\sigma\sqrt{2\pi}}e^{-\frac{x^2}{2\sigma^2}} \tag{2-72}$$

$$p(y) = \frac{1}{\sigma\sqrt{2\pi}}e^{-\frac{y^2}{2\sigma^2}} \tag{2-73}$$

直角坐标与极坐标间的关系可表示为：

$$\rho = \sqrt{x^2 + y^2}, \ x = \rho\cos\theta, \ y = \rho\sin\theta$$

式中：ρ 表示径向向量模；x、y 分别表示径向向量模在水平及垂直方向上的分量；θ 为径向向量的相位角。

若令 $p(\rho)$ 为径向向量模的概率密度函数和 $p(\theta)$ 为径向向量相位角的概率密率函数，则由空间分布微分单元的等效面积，可得到等效的概率函数：

$$p(\rho)p(\theta)\mathrm{d}\rho\mathrm{d}\theta = p(x)p(y)\mathrm{d}x\mathrm{d}y \tag{2-74}$$

若相位角 θ 为均匀分布，则由图 2-34 可得：

$$p(\theta) = \frac{1}{2\pi} \tag{2-75}$$

将式（2-72），式（2-73）和式（2-74）代入（2-75），则可得：

$$p(\rho)\frac{\mathrm{d}\rho\mathrm{d}\theta}{2\pi} = \frac{1}{2\pi\sigma^2}e^{-\frac{1}{2\sigma^2}(x^2+y^2)}\mathrm{d}x\mathrm{d}y \tag{2-76}$$

因 $\rho\mathrm{d}\rho\mathrm{d}\theta = \mathrm{d}x\mathrm{d}y$，若其代入式（2-76），则可得：

$$p(\rho) = \begin{cases} \dfrac{\rho}{\sigma^2} e^{-\frac{\rho^2}{2\sigma^2}} & (0 \leqslant \rho < \infty) \\ \\ 0 & (\rho \leqslant 0) \end{cases} \tag{2-77}$$

式（2-77）即为瑞利分布的概率密度函数表达式，分布函数曲线如图 2-35 所示。相应的瑞利分布的平均值、方差和标准差可表示为：

$$\mu_p = \int_0^\infty \rho p(p)\,\mathrm{d}\rho = \int_0^\infty \frac{\rho^2}{\sigma^2} e^{-\frac{\rho^2}{2\sigma^2}}\,\mathrm{d}\rho$$

$$= \frac{\sqrt{2\pi}}{2}\sigma = 1.2533\sigma \tag{2-78}$$

$$\sigma_p^2 = \int_0^\infty \rho^2 p(\rho)\,\mathrm{d}\rho = \int_0^\infty \frac{\rho^3}{\sigma^2} e^{-\frac{\rho^2}{2\sigma^2}}\,\mathrm{d}\rho = \frac{4-\pi}{2}\sigma^2$$

$$= 0.4292\sigma^2 \tag{2-79}$$

$$\sigma_p = \pm 0.6551\sigma \tag{2-80}$$

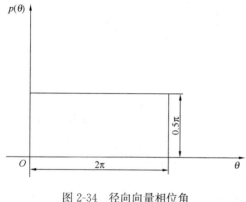

图 2-34　径向向量相位角

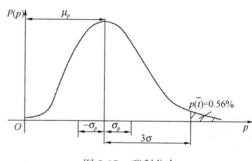

图 2-35　瑞利分布

7. Weibull 分布

若随机变量 T 服从三参数 Weibull 分布，则其概率密度函数为：

$$f(t) = \frac{\beta}{\eta}\left(\frac{t-\gamma}{\eta}\right)\exp\left[-\left(\frac{t-\gamma}{\eta}\right)^\beta\right]t \geqslant \gamma \tag{2-81}$$

累计失效概率为：

$$F(t) = P(T \leqslant t) = 1 - \exp\left|-\left(\frac{t-\gamma}{\eta}\right)\right|t \geqslant \gamma \tag{2-82}$$

式中：$\beta > 0$ 为形状参数，$\eta > 0$ 为尺度参数，$\gamma \geqslant 0$ 为位置参数。

若随机变量 T 服从 Weibull 分布，则记为 $T \sim W(\beta, \gamma, \eta)$。Weibull 累积失效概率函数可以表示为：

$$F(t) = P(T \leqslant t) = 1 - \exp[-\lambda (t-\gamma)^\beta]t \geqslant \gamma \tag{2-83}$$

式中：$\alpha = 1/\lambda = \eta^\beta$。

Weibull 分布的形状参数 β 决定了分布曲线的形状，图 2-36 给出了 β 对概率密度函数 $f(t)$ 的影响情况。由图 2-36 可以看出，当形状参数 β 不同时，其 $f(t)$ 曲线的形状不同。

当 $\beta = 1$ 时，曲线接近指数分布；当 $\beta = 2$ 时，曲线接近瑞利分布；当 β 取值在 $3 \sim 4$ 之间时，接近于正态分布，见图 2-36。

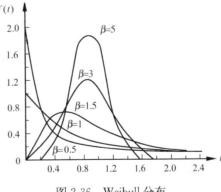

图 2-36　Weibull 分布

服从 Weibull 分布的随机变量的数学期望和方差分别为：

$$E(T) = \gamma + \eta \Gamma \left(1 + \frac{1}{\beta} \right) \quad (2\text{-}84)$$

$$\mathrm{var}(T) = \eta^2 \left[\Gamma \left(1 + \frac{2}{\beta} \right) - \Gamma^2 \left(1 + \frac{1}{\beta} \right) \right] \quad (2\text{-}85)$$

式中：$\Gamma(\cdot)$ 为 Gamma 分布。

当 $\gamma = 0$ 时，三参数 Weibull 分布转换为二参数 Weibull 分布；二参数 Weibull 分布的概率密度函数和累计分布函数分别为：

$$f(t) = \frac{\beta}{\eta} \left(\frac{t}{\eta} \right)^{\beta-1} \exp \left[- \left(\frac{t}{\eta} \right)^{\beta} \right] \quad (2\text{-}86)$$

$$F(t) = 1 - \exp \left[- \left(\frac{t}{\eta} \right)^{\beta} \right] \quad (2\text{-}87)$$

本章参考文献

[1] 陈亚力，裴亚峥，刘诚. 概率论与数理统计[M]. 北京：科学出版社，2008.

[2] 张政寿. 二维尺寸链理论及计算[M]. 北京：国防工业出版社，1988.

[3] Fong D, Lawless J. The analysis of process variation transmission with multivariate measurements [J]. Statistica Sinica，1998，8(1)：151-164.

[4] Fenner J S, Jeong M K, Lu J C. Optimal automatic control of multistage production processes[J]. IEEE Transactions on semiconductor manufacturing，2005，18(1)：94-103.

[5] Wang H，Huang Q. Using error equivalence concept to automatically adjust discrete manufacturing processes for dimensional variation control[J]. Journal of Manufacturing Science & Engineering，2007，129(3)：644.

[6] Yibo J，Djurdjanovic D. Joint allocation of measurement points and controllable tooling machines in multistage manufacturing processes[J]. IIE Transactions，2010，42(PII 92376707410)：703-720.

第三章 装配式建筑混凝土构件
尺寸及预埋件位置偏差

装配式混凝土结构（简写为PC）是当前使用最广泛的一类装配式建筑形式。以在湖南和河南地区四个典型的装配式生产线与四个装配式建筑项目为例，开展了PC构件尺寸偏差及预埋件位置偏差分析。现场实测抽样构件种类与测试内容主要涉及预制梁、预制柱、叠合楼板、预制内隔墙、外挂墙板等尺寸偏差，并测试了墙板楼板构件中预埋件和预留孔洞等位置偏差。根据实测数据结果，开展了各类PC构件尺寸及其预埋件和预留孔洞位置偏差的概率分布分析。

3.1 数据测试与抽样方法

采用第二章所述测量工具和方法测试四个项目中代表性PC构件尺寸。四个项目是中建七局的森林上郡项目（剪力墙结构体系）、中民筑友建筑科技有限公司的中南大学湘雅医学院学生公寓项目（框架结构体系）、中国水利水电第八工程局有限公司的长沙蓝天保障房项目（剪力墙结构体系）和三能集成房屋股份有限公司的开福区板塘小学项目（框架结构体系）。

鉴于装配式PC构件生产环节较多，主要涉及模板支护、混凝土浇筑和养护等多个阶段。本书对PC构件主要的生产阶段皆开展了测量工作。相应的PC构件生产环节见图3-1。

因生产各阶段均会造成PC构件的尺寸偏差变化，如浇筑阶段的混凝土膨胀，人工抹面以及养护阶段的干缩等。本章节选取制备成的构件在堆场中养护1～3个月之后的PC构件为例，开展相应的构件尺寸偏差测量与数据收集。对单类构件先采用分层抽样方法按测量企业不同进行测量，随后对每个企业生产的构件进行随机抽样和测量。各个项目实测构件数量见表3-1。

实测项目构件数量 表3-1

项目　　构件	预制柱	预制梁	叠合板	预制内隔墙	外挂墙板
中建科技	0	0	72	45	21
中民筑友	11	11	22	0	0
水电八局	0	23	18	0	0
三能房屋	17	13	16	0	0
总计	28	47	128	45	21

根据上述PC构件测量数据，分析比对不同企业生产同类PC构件尺寸偏差、同一企业在不同时间段生产的同一PC构件尺寸偏差，相应的数值分析结果见图3-2。

可以看出不同企业生产同类PC构件尺寸偏差相差不大，现有的PC构件生产技术下可将不同企业生产的同类构件作为样本归集处理。通过分析对比可知，同一企业在不同时间段的生产能力相差不大。因此，在满足随机抽样条件下可将不同时间段生产的PC构件

图 3-1　PC 构件生产阶段现场实况

(*a*) 模板支护；(*b*) 浇筑阶段；(*c*) 人工抹平；(*d*) 准备温养；(*e*) 温养完成；(*f*) 堆场养护

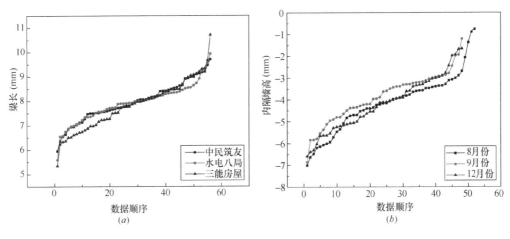

图 3-2　同一构件尺寸数据对比图

(*a*) 不同企业；(*b*) 同一企业不同时间

同等处理。这为采用不同企业和时期构件尺寸测试结果，开展相应的 PC 构件尺寸偏差分析提供了理论依据。

　　本书涉及的四个项目根据结构体系类型，可分为装配式框架结构体系和装配式剪力墙结构体系；涉及的构件可依据构件类型分为横向和竖向连接构件。依据构件种类可分为预制柱、预制梁、叠合板、预制内隔墙、外挂墙板及墙板楼板构件等。测试数据按照数学分布特征可分为服从正态和非正态分布数据。鉴于本书涉及的主要为构件尺寸偏差分布研究，故依据 PC 构件尺寸偏差实测数据开展概率分布特征及其规律研究。图 3-3 为数据可能符合的常见分布。

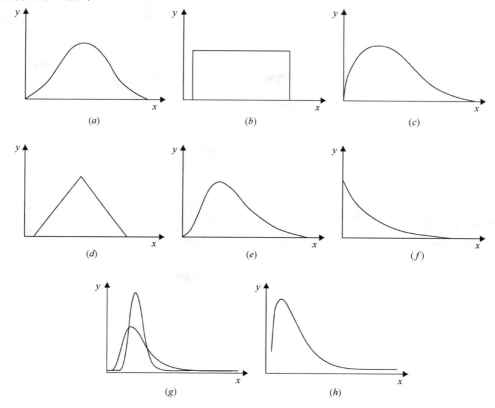

图 3-3　常见概率分布
(*a*) 正态分布；(*b*) 均匀分布；(*c*) 偏态分布；(*d*) 三角分布；(*e*) 瑞利分布；(*f*) 指数分布；
(*g*) 二项分布；(*h*) Weibull 分布

　　根据 PC 构件尺寸测量结果，并利用所测数据绘制直方图。然后，根据直方图的形态与图 3-3 概率分布特征进行对比，通过数值的分布拟合，可得到 PC 构件尺寸偏差的概率分布模型和相关参数。

3.2　数据分布的处理方法

3.2.1　服从正态分布数据处理方法

　　一般来说，稳定可控的生产线所生产产品的公差分布均为正态分布。在制造业和产品质量管理中，也将数据按正态分布或转化为正态分布来研究成品质量。因此，采用正态分布方法处理测试数据是最通常做法。将所测得数据按构件类型分类并进行正态分布拟合验证，即可实现数据是否为服从正态和非正态分布的数据分类。利用 MATLAB 对各组实测数据进行是否服从正态分布的假设检验。具体地处理方法是先将实测数据按 PC 构件种类分组，并将分组实测数据作为独立样本；然后，对各个分组数据作服从正态分布的假设 H。最后，通过 MATLAB 检验 H 是否成立。分组数据的正态分布假设检验测试在

MATLAB 中的表达函数见式（3-1）。

$$[H,P,STAT,CV] = jbtest(X,\alpha) \tag{3-1}$$

式中：H 为测试结果。若 $H=0$，则接受原假设，即分组数据服从正态分布。反之，若 $H=1$，则分组数据不服从正态分布。P 为原假设成立的概率，P 越趋于零则拒绝原假设的概率越大。$STAT$ 为拟合优度检验测试统计量值，CV 为判定是否拒绝原假设的临界值。当统计量 $STAT$ 的值大于临界值 CV，拒绝原假设。反之，接受原假设。α 为检验水平，推荐值为 0.05。

基于上述正态分布拟合优度检验的筛选，并将服从正态分布的分组数据采用正态分布 P-P 图检验，即可直观判断其是否符合正态分布及大致符合程度。同时，计算其标准差 σ 和均值 μ，即可确定该分组数据服从的正态分布 $N(\mu,\sigma^2)$。绘制服从正态分布各数据的直方图，观察其数据频数直方分布是否与正态分布图形相吻合。通过上述方法，即可检验所测数据值是否服从正态分布。

3.2.2 服从非正态分布数据处理方法

尽管许多生产过程处于稳定状态，但仍存在不可控制因素导致产品公差数据产生偏移。进而导致测量结果不一定满足服从正态分布的假设。生产过程中尺寸数据偏离正态分布的影响因素较多，主要包括随机性因素和系统性因素。一方面，对于分组数据本身服从正态分布的输出数据，若生产过程中只受随机性因素影响，则该过程仍处于统计控制状态且输出数据仍服从正态分布。反之，生产过程将处于统计失控状态，过程输出数据将不再服从正态分布[2]。系统性因素是指生产过程中较为稳定且可对生产过程中批量样本产生影响的因素。在实际生产过程中，加工工艺和生产过程输出产品质量特性等可能会导致输出数据服从偏态分布，如 Weibull 分布、指数分布、对数正态分布、均匀分布等（图 3-3）。

因此，导致部分分组数据可按照非正态分布的拟合优度检验，进而得到相应的最贴近概率分布模型。上述数据处理方法的具体分析步骤如下：

（1）开展分组数据正态性检验，得到非正态分布分组数据；

（2）绘制组数据直方图，依据直方图分布形状筛选需要拟合函数；

（3）以直方图频数为因变量 y 和实测 PC 构件偏差值作为自变量 x，确立两者间的函数关系 $y = f(x)$；

（4）利用 MATLAB 工具开展常见分布的拟合优度检验，通过 R^2（确定系数）来判断各类函数拟合优度，进而判断分组数据符合的非正态分布类型。

上述分析步骤的具体分析流程，见图 3-4。

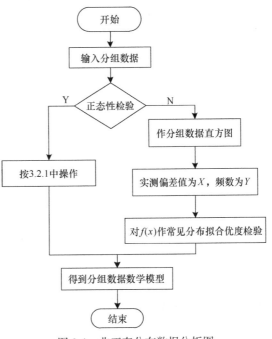

图 3-4 非正态分布数据分析图

3.3 装配式建筑 PC 构件尺寸公差分析及其概率分布

3.3.1 预制梁尺寸公差概率分布模型

1. 正态性检验结果

对实测预制梁构件长度、宽度和高度尺寸分布开展正态性拟合优度检验，相应的计算结果见表 3-2。

预制梁正态性检验结果 表 3-2

结构体系	构件种类	实测项目	H	P	$STAT$	CV
框架结构	预制梁	长度	0	0.5000	0.8383	5.6783
		宽度	0	0.4560	1.3576	5.6783
		高度	0	0.0564	5.3470	5.6783

由表 3-2 可知，实测项目 H 均为 0 且 $STAT<CV$，故预制梁长度、宽度和高度尺寸分组数据均服从正态分布。

2. 概率分布模型

根据上述分组数据绘制了正态性检验 P-P 图和直方图，见图 3-5～图 3-7。

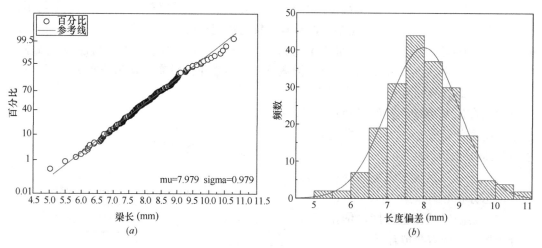

图 3-5 梁长尺寸特性分析图（样本量：201）
(*a*) 梁长 P-P 图；(*b*) 梁长直方图

由 P-P 图可知，预制梁长度、宽度和高度尺寸实测值分散在理论直线周边，构件尺寸累计比例与正态分布的累计比例之间近似呈直线。这直观地证明了预制梁的长度、宽度和高度尺寸实测数据均符合正态分布规律。从直方图可知，预制梁长度、宽度和高度尺寸均以均值为中心向两侧逐渐降低，构件尺寸分布规律符合正态分布；直方图拟合的正态分布曲线由中心向两侧均匀下降，并可以直观地看出预制梁构件尺寸偏差分别偏大 8mm、2.5mm 和 1.7mm。构件尺寸偏差范围绝对值基本处于 6σ 范围内。综上可知，预制梁长度、宽度和高度尺寸的概率分布模型为正态分布函数 $N(\mu,\sigma^2)$，相应的数值见表 3-3。

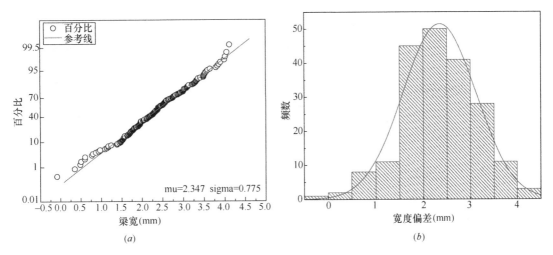

图 3-6　梁宽尺寸特性分析图（样本量：223）

（a）梁宽 P-P 图；（b）梁宽直方图

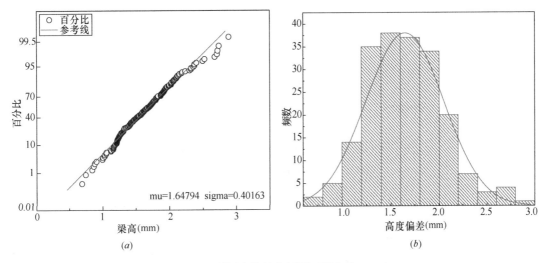

图 3-7　预制梁高特性分析图（样本量：206）

（a）预制梁高 P-P 图；（b）预制梁高直方图

预制梁尺寸特性概率分布模型　　　　　　　　　　　　表 3-3

结构体系	构件种类	实测项目	分布类型	概率模型
框架结构	预制梁	长度	正态分布	$N(7.98, 0.98)$
		宽度	正态分布	$N(2.35, 0.78)$
		高度	正态分布	$N(1.65, 0.40)$

3.3.2　预制柱公差分布概率分布模型

1. 正态性检验结果

对实测预制柱构件高度及边长尺寸进行正态性拟合优度检验，检验结果见表 3-4。

预制柱正态性检验结果

表 3-4

结构体系	构件种类	实测项目	H	P	$STAT$	CV
框架结构	预制梁	高度	0	0.5000	0.4551	5.6783
		边长	0	0.5000	0.7464	5.6783

分析表明，实测项目 H 均为 0 且 $STAT<CV$，故预制柱高度和边长尺寸分组数据均服从正态分布。

2. 概率分布模型

对上述分组数据做正态性检验 P-P 图及直方图，见图 3-8 和图 3-9。

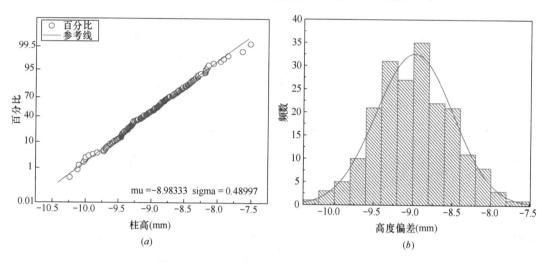

图 3-8　柱高尺寸特性分析图（样本量：206）

（a）预制柱高度尺寸 P-P 图；（b）预制柱高度尺寸直方图

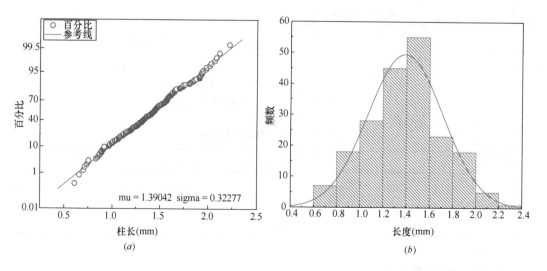

图 3-9　预制柱边长尺寸特性分析图（样本量：251）

（a）预制柱边长尺寸 P-P 图；（b）预制柱边长尺寸直方图

由 P-P 图可知，预制柱高度和边长尺寸实测值分散在理论直线周边，并且高度和边长尺寸累计比例与正态分布的累计比例之间近似呈直线。这表明预制柱的高度和边长尺寸实测数据符合正态分布。从预制柱边长尺寸直方图可以看出，尺寸直方图均以均值为中心向两侧逐渐降低，直方分布规律符合正态分布特点；直方图拟合的正态分布曲线由中心向两侧均匀下降。对应预制柱高度尺寸的偏差比均值小 9mm，但边长尺寸偏差比均值大 1.4mm。两者尺寸偏差范围绝对值处于 6σ 范围内。预制柱高度和边长尺寸分组数据的概率分布模型为 $N(\mu, \sigma^2)$，相应的概率分布参数见表 3-5。

预制柱尺寸特性概率分布模型　　　　　　　　　　　　　表 3-5

结构体系	构件种类	实测项目	分布类型	概率模型
框架结构	预制梁	高度	正态分布	$N\,(-8.98,\ 0.49)$
		边长	正态分布	$N\,(1.39,\ 0.32)$

3.3.3　叠合板尺寸公差概率分布模型

1. 正态性检验结果

对实测叠合板构件长度、宽度和高度尺寸进行正态性拟合优度检验，结果见表 3-6。

叠合板正态性检验结果　　　　　　　　　　　　　表 3-6

结构体系	构件种类	实测项目	H	P	$STAT$	CV
框架结构	叠合板	长度	0	0.4225	1.4788	5.6783
		宽度	0	0.5000	0.9265	5.6783
		厚度	1	NAN	—	—
剪力墙结构		长度	0	0.3111	2.0247	5.6783
		宽度	0	0.5000	1.1940	5.6783
		厚度	1	NAN	—	—

可知实测项目中框架结构体系和剪力墙结构体系中叠合板的长度和宽度尺寸正态性假设检验 H 均为 0 且 $STAT<CV$，故上述分组数据均服从正态分布。两类结构体系的叠合板厚度尺寸正态性检验 H 均为 1，说明其叠合板厚度尺寸均不服从正态分布，需按图 3-4 所示作非正态分布分析。

2. 正态分组数据概率分布模型

对上述服从正态分布的分组数据做正态性检验 P-P 图和直方图，见图 3-10~图 3-13。由 P-P 图可知，叠合板长度和宽度尺寸实测值分散在理论直线周边，尺寸累计比例与正态分布的累计比例之间近似呈直线；这表明叠合板的长度和宽度尺寸实测数据均符合正态分布。由直方图可以看出，叠合板长度和宽度尺寸直方图均以均值为中心向两侧逐渐降低，直方分布符合正态分布特点，并且直方图拟合的正态分布曲线由中心向两侧均匀下降。两种结构体系的叠合板长度偏差尺寸分别比数据均值大 3.0mm 和 2.2mm，但偏差范围绝对值基本不会超过 6σ。两种结构体系的叠合板宽度偏差尺寸均比数据均值大 3.0mm 和 2.0mm。可以看出两种结构体系叠合板长度和宽度尺寸实测偏差值相差不大，且均为正偏差。

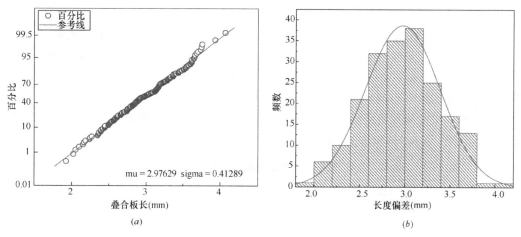

图 3-10　叠合板（框架）长度尺寸特性分析图（样本量：231）
(*a*) 叠合板（框架）长度 *P-P* 图；(*b*) 叠合板（框架）长度直方图

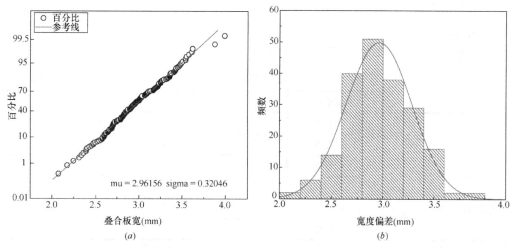

图 3-11　叠合板（框架体系）宽度尺寸特性分析图（样本量：211）
(*a*) 叠合板（框架）宽度尺寸 *P-P* 图；(*b*) 叠合板（框架）宽度直方图

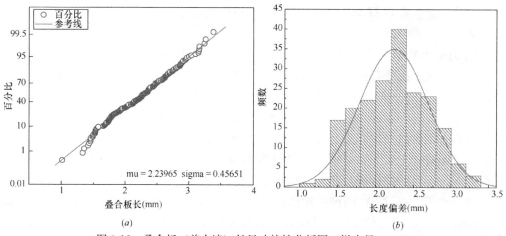

图 3-12　叠合板（剪力墙）长尺寸特性分析图（样本量：302）
(*a*) 叠合板（剪力墙）长度 *P-P* 图；(*b*) 叠合板（剪力墙）长度直方图

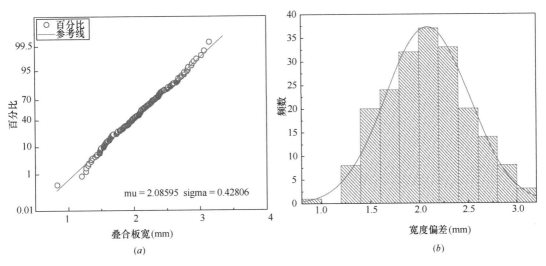

图 3-13　叠合板（剪力墙）宽度尺寸特性分析图（样本量：235）

（a）叠合板（剪力墙）宽度 P-P 图；（b）叠合板（剪力墙）宽度直方图

3. 非正态分组数据概率分布模型

对两种结构体系的叠合板厚度尺寸偏差作直方图，以确定相应的分布类型，见图 3-14。

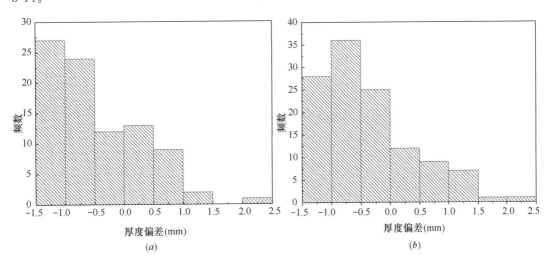

图 3-14　叠合板厚度尺寸直方图（样本量：88，119）

（a）框架结构叠合板厚度直方图；（b）剪力墙结构叠合板厚度直方图

两种体系的直方图呈现出左侧集中并逐渐向右侧递减趋势，基本符合 Weibull 分布分布规律。将直方频数作为因变量 y 和实测偏差值作为自变量 x，可获得 Weibull 分布常规函数表达式（3-2）。因 Weibull 分布的定义域为 $x \geq 0$，故认为将统计公差数据 x 向右平移到 y 轴的右侧。假设平移量为 τ，则平移后的叠合板厚度尺寸直方图可绘制为图 3-15。

$$f(x;\lambda,k) = \begin{cases} \dfrac{k}{\lambda}\left(\dfrac{x}{\lambda}\right)^{k-1} e^{-(x/\lambda)^k} & x \geq 0 \\ 0 & x < 0 \end{cases} \quad (3\text{-}2)$$

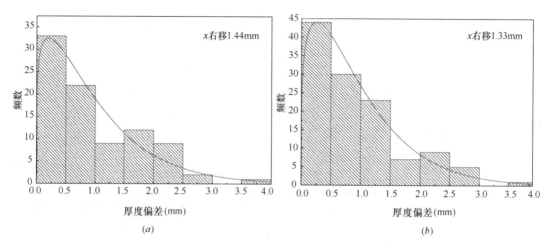

图 3-15　平移后叠合板厚度尺寸直方图（样本量：88，119）

(a) 框架结构叠合板厚度直方图；(b) 剪力墙结构叠合板厚度直方图

上述确定了测试数据的 Weibull 概率分布特征，还需进行 Weibull 分布的拟合优度检验。一般情况下，Weibull 分布的函数表达式见式（3-3）。

$$f(x) = abx^{b-1}e^{-ax^b}, x \geqslant 0 \tag{3-3}$$

式中：$a = 1/\lambda^k, b = k$。

为了更好地阐述 Weibull 分布曲线特性，引入相应的曲线拟合参数——均方根（SSE）、和方差（$RMSE$）、确定系数（R^2）。具体意义如下：

（1）和方差——和方差越接近 0，表示曲线拟合程度越好。

$$SSE = \sum_{i=1}^{n} w_i(y_i - \hat{y}_i)^2 \tag{3-4}$$

（2）均方根——均方根越接近 0，表示曲线拟合程度越好。

$$RMSE = \sqrt{MSE} = \sqrt{\frac{1}{n}\sum_{i=1}^{n} w_i(y_i - \hat{y}_i)^2} \tag{3-5}$$

（3）确定系数——确定系数越接近 1，表示曲线拟合程度越好。

$$R - square = \frac{SSR}{SST} = \frac{SST - SSE}{SST} = 1 - \frac{SSE}{SST} \tag{3-6}$$

其中，$SSR = \sum_{i=1}^{n} w_i(\hat{y}_i - \overline{y}_i)^2$，$SST = \sum_{i=1}^{n} w_i(y_i - \overline{y}_i)^2$。

将平移后分组数据函数 $y = f(x')$，$x' = x + \tau$ 进行 Weibull 分布曲线拟合。拟合结果见图 3-16，拟合数据参数结果见表 3-7。

叠合板厚度 Weibull 分布曲线拟合参数　　　　　　　　　　　　　表 3-7

项目	SSE	$RMSE$	R^2
板厚（框架）	1122	7.894	-0.8855
板厚（剪力墙）	609.8	5.82	-0.7686

表 3-7 中拟合参数均不理想，故考虑将函数进行伸缩变换处理。将 y 按公式（3-3）进行缩放，使得曲线拟合更加贴合，结果见式（3-7）：

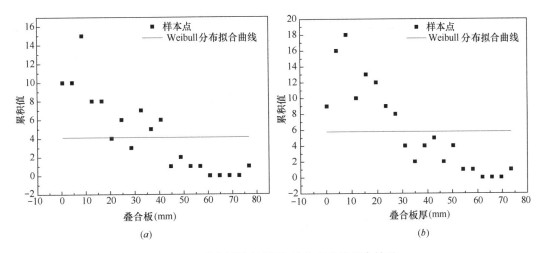

图 3-16 叠合板厚度 Weibull 分布曲线拟合结果

(*a*) 叠合板 (框架结构); (*b*) 叠合板 (剪力墙结构)

$$y' = f(x'), y' = y/20 \tag{3-7}$$

为提高拟合结果精度和准确性, 进一步对公式 (3-7) 函数进行曲线拟合。曲线拟合结果见图 3-17, 拟合评价参数见表 3-8。

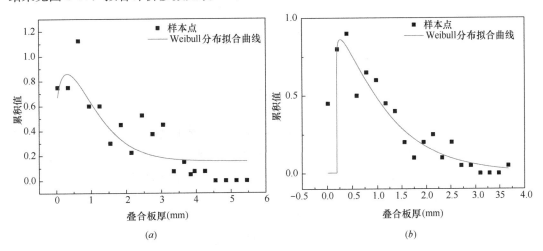

图 3-17 叠合板厚度 Weibull 分布曲线拟合结果

(*a*) 叠合板 (框架结构); (*b*) 叠合板 (剪力墙结构)

叠合板厚度 Weibull 分布曲线拟合参数 表 3-8

项目	*SSE*	*RMSE*	R^2
板厚 (框架)	0.1699	0.0972	0.8029
板厚 (剪力墙)	0.1461	0.0901	0.9017

表 3-8 中的 *SSE* 和 *RSME* 接近于 0, 并且确定系数 R^2 接近于 1; 这表明曲线拟合结果较好, 也说明经过平移缩放后的直方图函数服从 Weibull 分布。综合分析数据处理结果, 可得到叠合板所有尺寸实测偏差数据的概率分布模型, 具体见表 3-9。

叠合板尺寸特性概率分布模型 表 3-9

结构体系	构件种类	实测项目	分布类型	概率模型
框架结构	叠合板	长度	正态分布	N (2.98, 0.41)
		宽度	正态分布	N (2.96, 0.32)
		厚度	Weibull 分布	$20f$ (x; 0.72, 1.10) -1.44
剪力墙结构		长度	正态分布	N (2.24, 0.46)
		宽度	正态分布	N (2.09, 0.43)
		厚度	Weibull 分布	$20f$ (x; 1.06, 1.25) -1.33

3.3.4 预制内隔墙尺寸公差概率分布模型

1. 正态性检验结果

对实测预制内隔墙构件长度、高度和厚度尺寸进行正态性拟合优度检验，结果见表 3-10。

预制内隔墙正态性检验结果 表 3-10

结构体系	构件种类	实测项目		H	P	$STAT$	CV
剪力墙结构	预制内隔墙	长度	<2m	0	0.4327	1.4396	5.6783
			2~3m	0	0.5000	0.5599	5.6783
		高度		0	0	0.4027	1.5618
		厚度		0	1	NAN	—

由表 3-10 可知，实测项目中长度与高度尺寸分组数据正态性假设检验 H 均为 0 且 $STAT < CV$，故预制内隔墙长度及高度尺寸分组数据均服从正态分布。然而，厚度尺寸分组数据假设检验 H 为 1，拒绝服从正态分布，对其进行非正态数据处理。

2. 正态分组数据概率分布模型

对上述正态分组数据做正态性检验 P-P 图和直方图，见图 3-18～图 3-20。

由 P-P 图可知，预制内隔墙长度和高度尺寸实测值分散在理论直线周边，并且尺寸累计比例与正态分布的累计比例之间近似呈直线；这表明预制内隔墙长度和高度尺寸实测数据均符合正态分布。直方图表明预制内隔墙长度和高度尺寸直方图均以均值为中心向两侧逐渐降低，直方分布符合正态分布特点。直方图拟合的正态分布曲线由中心向两侧均匀下降，并且预制内隔墙长度和高度偏差尺寸分别小于数据均值 1.22mm（长度<2m）、-0.92mm（长度 2~3m）和 -4.00mm。

3. 非正态分组数据概率分布模型

对预制内隔墙厚度尺寸偏差数据作直方图以判定所属分布类型，见图 3-21。

由图可知预制内隔墙厚度尺寸偏差数据大致服从 Weibull 分布。依据分析步骤流程图 3-4，可获得预制内隔墙厚度尺寸偏差数据分布的拟合结果（图 3-22）和拟合结果参数（表 3-11）。

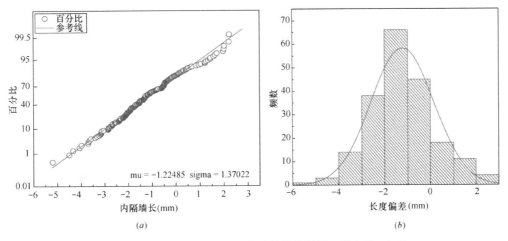

图 3-18　内隔墙长（<2m）尺寸特性分析图（样本量：241）

（a）内隔墙长度（<2m）P-P 图；（b）内隔墙长度（<2m）直方图

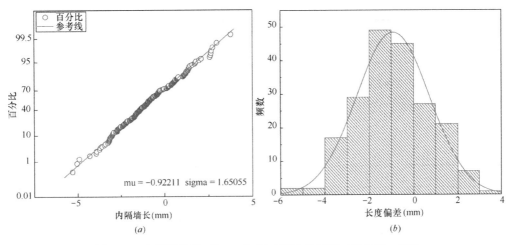

图 3-19　内隔墙长度（2~3m）尺寸特性分析图（样本量：236）

（a）内隔墙长度（2~3m）P-P 图；（b）内隔墙长度（2~3m）直方图

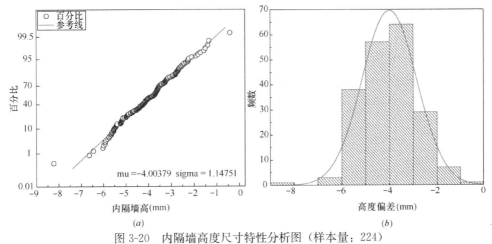

图 3-20　内隔墙高度尺寸特性分析图（样本量：224）

（a）内隔墙高度尺寸 P-P 图；（b）内隔墙高度尺寸直方图

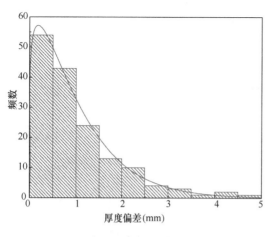
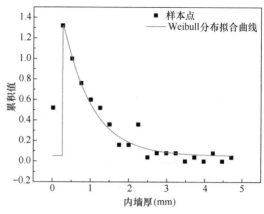

图 3-21 内隔墙厚度尺寸直方图（样本量：155） 图 3-22 预制内隔墙厚度 Weibull 分布曲线拟合结果

预制内隔墙厚度 Weibull 分布曲线拟合参数 表 3-11

项目	*SSE*	*RMSE*	R^2
板厚（框架）	0.3933	0.1478	0.8510

表 3-11 中的 *SSE* 和 *RSME* 接近于 0，并且确定系数 R^2 接近于 1。这表明预制内隔墙厚度尺寸偏差完全符合 Weibull 分布。同时，可得到预制内隔墙尺寸实测偏差数据的概率分布模型（表 3-12）。

预制内隔墙尺寸特性概率分布模型 表 3-12

结构体系	构件种类	实测项目	分布类型	概率模型
剪力墙结构	预制内隔墙	长<2m	正态分布	$N(-1.22, 1.37)$
		长 2~3m	正态分布	$N(-0.92, 1.65)$
		高度	正态分布	$N(-4.00, 1.15)$
		厚度	Weibull 分布	$25f(x; 1.56, 1.40) - 1.88$

3.3.5 外挂墙板尺寸公差概率分布模型

1. 正态性检验结果

对实测外挂墙板构件长度、高度和厚度尺寸进行正态性拟合优度检验，结果见表 3-13。

外挂墙板正态性检验结果 表 3-13

结构体系	构件种类	实测项目		*H*	*P*	*STAT*	*CV*
剪力墙结构	外挂墙板	长度	<3m	0	0.0904	4.2478	5.6783
			3~4m	0	0.5000	0.8242	5.6783
		高度		0	0	0.5000	0.3517
		厚度		0	1	*NAN*	—

表 3-13 中实测项目中长度与高度尺寸分组数据正态性假设检验 H 均为 0，并且 $STAT < CV$。因此，外挂墙板长度及高度尺寸分组数据均服从正态分布。然而，相应的厚度尺寸分组数据假设检验 H 为 1，这表明需对其进行非正态数据处理。

2. 正态分组数据概率分布模型

对上述分组数据做正态性检验 P-P 图及直方图，见图 3-23～图 3-25。

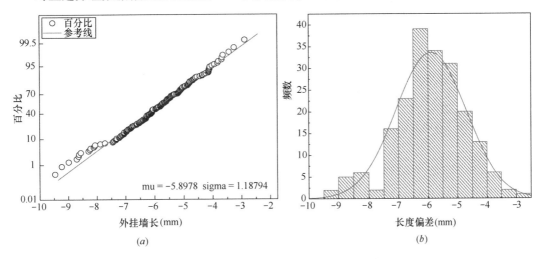

图 3-23 外挂墙长（<3m）尺寸特性分析图（样本量：192）

（a）外挂墙长度（<3m）P-P 图；（b）外挂墙长度（<3m）直方图

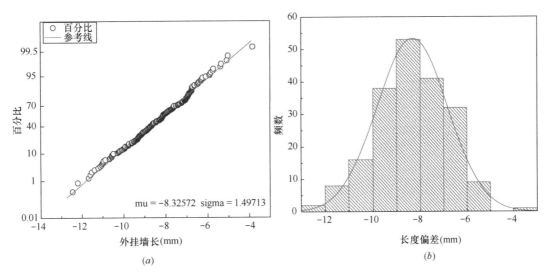

图 3-24 外挂墙长度（3～4m）尺寸特性分析图（样本量：207）

（a）外挂墙长度（3～4m）P-P 图；（b）外挂墙长度（3～4m）直方图

由 P-P 图可知，外挂墙板长度和高度尺寸实测值分散在理论直线周边，并且尺寸累计比例与正态分布的累计比例之间近似呈直线。这表明外挂墙板长度和高度尺寸实测数据均符合正态分布。从直方图可以看出，外挂墙板长度和高度尺寸直方图均以均值为中心向两侧逐渐降低，直方分布符合正态分布特点。直方图拟合的正态分布曲线由中心向两侧均

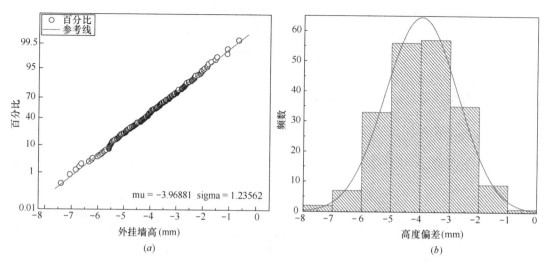

图 3-25　外挂墙高度尺寸特性分析图（样本量：216）

（a）外挂墙高度 P-P 图；（b）外挂墙高度直方图

匀下降，外挂墙板长度和高度尺寸偏差分别比数据均值小 5.90mm（长度＜3m）、－8.33mm（长度 3～4m）和－3.96mm，并且偏差范围绝对值基本在 6σ 范围内。

3. 非正态分组数据概率分布模型

对外挂墙板厚度尺寸偏差作直方图，见图 3-26。

按流程图 3-4 进行分析，可得到相应的拟合结果（图 3-27）和拟合结果参数（表 3-14）。

外挂墙板厚度 Weibull 分布曲线拟合参数　　表 3-14

项目	SSE	$RMSE$	R^2
板厚（框架）	0.4231	0.1533	0.8000

表 3-14 中 SSE 和 $RSME$ 接近于 0，并且确定系数 R^2 为 0.8；这表明曲线拟合结果较佳。利用 MATLAB 开展曲线函数拟合，可得到外挂墙板尺寸实测偏差数据的概率分布模型，具体见表 3-15。

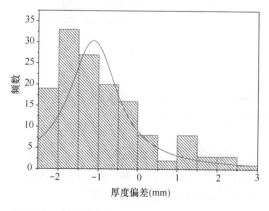

图 3-26　外挂墙厚度尺寸直方图（样本量：140）

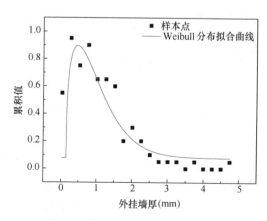

图 3-27　外挂墙板厚度 Weibull 分布曲线拟合结果

外挂墙板尺寸特性概率分布模型 表 3-15

结构体系	构件种类	实测项目	分布类型	概率模型
剪力墙结构	预制内隔墙	长<2m	正态分布	$N(-5.90, 1.19)$
		长 2~3m	正态分布	$N(-8.33, 1.50)$
		高度	正态分布	$N(-3.97, 1.24)$
		厚度	Weibull 分布	$20f(x; 1.081, 1.375)-1.75$

3.3.6 墙板预埋件和预留孔洞位置公差概率分布模型

1. 正态性检验结果

对实测墙板预埋件和预留孔洞（主要指模板孔）位置偏差分组数据进行正态性拟合优度检验，结果见表 3-16。

预埋件及预留孔洞正态性检验结果 表 3-16

数据分组	实测项目	H	P	$STAT$	CV
预埋线盒	位置偏差	1	NAN	—	—
预留孔洞		1	NAN	—	—

表 3-16 中实测墙板预埋件和预留孔洞位置偏差分组数据假设检验 H 为 1，这表明需对其进行非正态数据处理。

2. 概率分布模型

对上述分组数据做正态性检验直方图，见图 3-28。

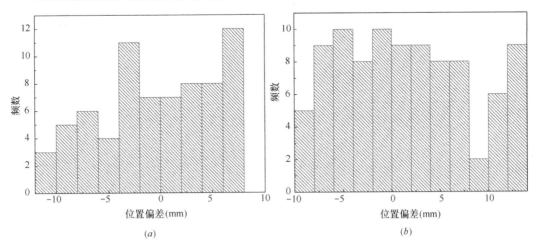

图 3-28 预埋线盒及预留孔洞位置直方图（样本量：71；93）

(a) 预埋线盒位置直方图；(b) 预留孔洞位置直方图

图 3-28 表明按照墙板预埋件和预留孔洞位置直方图难以辨别概率分布。因此，对其进行常见分布的拟合，并应根据拟合结果参数来判断其最优拟合分布。各分布拟合结果见

表 3-17 和表 3-18。

预埋线盒位置曲线拟合参数　　　　表 3-17

常见分布	SSE	RMSE	R^2
正态分布	0.150	0.094	0.027
Weibull 分布	10.208	2.1075	-0.274
三角分布	36.114	10.660	0.202
指数分布	0.153	0.091	0.081
均匀分布	0.358	0.121	0.704

预留孔洞位置曲线拟合参数　　　　表 3-18

常见分布	SSE	RMSE	R^2
正态分布	0.210	0.111	-0.031
Weibull 分布	—	—	—
三角分布	11.331	1.884	0.034
指数分布	0.219	0.110	-0.021
均匀分布	0.612	0.317	0.768

综上可知，墙板预埋件和预留孔洞位置分组数据最符合均匀分布。相应的实测偏差数据概率分布模型，具体见表 3-19。

预制柱尺寸特性概率分布模型　　　　表 3-19

数据分组	实测项目	分类类型	概率模型
预埋线盒	位置偏差	均匀分布	U（-10.4，7.8）
预留孔洞		均匀分布	U（-9.2，13.5）

3.4　小结

对预制构件尺寸实测数据进行拟合优度检验，获得了装配式建筑各种典型构件尺寸偏差分布特征。

（1）预制梁三维尺寸、预制柱高度与截面尺寸、预制叠合板的长度与宽度、预制内隔墙长度与高度、预制外挂墙板长度与高度等尺寸偏差分组数据均服从正态分布。

（2）预制叠合板、预制内隔墙和预制外挂墙板厚度尺寸偏差分组数据服从 Weibull 分布，并且概率分布模型相同。

（3）墙板预埋件和预留孔洞位置偏差分组数据服从均匀分布，并且两者的概率分布模型相同。

本章参考文献

[1] 吴聪. 统计过程控制方法及应用研究[D]. 山东大学学报, 2012.

[2] 赵妙霞, 贾九红, 郑玉巧. 工序控制方法中工序能力的分析[J]. 兰州理工大学学报, 2003, 29 (4): 49-51.

第四章 基于工序能力指数的 PC 构件公差分析

工厂生产和施工安装过程中多关注通过改进工艺来提高 PC 构件单一工序下的合格率,未对构件尺寸偏差进行系统性的过程质量控制分析。现行规范虽限定了 PC 构件公差范围,但尚未提出合理的理论依据和控制方法。本章节通过引入工序能力指数评价实测典型企业 PC 构件生产能力。提出了正态分布数据和非正态分布数据的工序能力指数与合格率指标的计算方法,根据工序能力指数评级确定了工序能力指数和合格率指标限值。探讨了实测 PC 构件偏差与规范允许公差差异,为 PC 构件生产过程中公差控制提供支撑。

4.1 工序能力与工序能力指数

4.1.1 工序能力

1. 工序能力的定义

工序能力又称为工艺能力或工程能力,在没有系统误差的稳定情况下,对构件某尺寸或某参数该工序的实际加工能力称为工序能力,用实测的质量特性值 B 表示。影响工序能力的因素主要包括设备、工具、材料、环境、操作、管理和人员技术水平等。在稳定加工条件下,可认为构件某尺寸或参数的误差分布符合正态分布 $N(\mu, \sigma)$,以 $\tau\sigma$ 法则确定其范围为 $\mu \pm \tau\sigma$。一般记工序能力为:

$$B = 2t\sigma \tag{4-1}$$

式中:τ 为置信区间系数;σ 为过程分布的标准差。

在标准情况下,t 取 3,相应的不合格率为 0.27%。按这法则确定的范围,精度与经济性均较好,质量特性值表示为 $B = 6\sigma$。其中,σ 可按式(4-2)计算。

$$\sigma = \sqrt{\sigma_{人}^2 + \sigma_{材}^2 + \sigma_{机}^2 + \sigma_{法}^2 + \sigma_{测}^2 + \sigma_{环}^2} \tag{4-2}$$

式中:$\sigma_{人}^2$、$\sigma_{材}^2$、$\sigma_{机}^2$、$\sigma_{法}^2$、$\sigma_{测}^2$、$\sigma_{环}^2$ 为 5M1E 各因素的过程方差。

根据正态分布 6σ 原理可知,相应的产品合格率为 $p(\mu \pm 6\sigma) = 99.73\%$。$\sigma$ 越小,则表明工序波动越小,质量特性值 B 越小,相应的工序能力越强。

2. 工序能力指数

工序能力与公差的关系表现在两个方面:一是对已有构件图纸上的技术要求(公差范围),采用相应的工艺过程以使合格品率符合经济要求;二是在现有的工艺条件下,根据构件的技术要求提出适宜的公差范围,保证构件工艺性符合经济性要求。通常使用工序能力指数(C_p)来表征工序能力与公差的关系,相应的 C_p 见式(4-3)。

$$C_p = \frac{\delta}{B} \tag{4-3}$$

C_p 也是衡量工序能力对于技术要求满足程度的一种尺度。C_p 大说明工序能力愈能满足技术要求，质量指标愈有保证。C_p 小说明工序能力不足，不合格品的概率愈大。然而，过高的 C_p 会增加制作困难和经济成本增加，故理想情况是工序能力指数等于 1 或稍大于 1，见图 4-1。

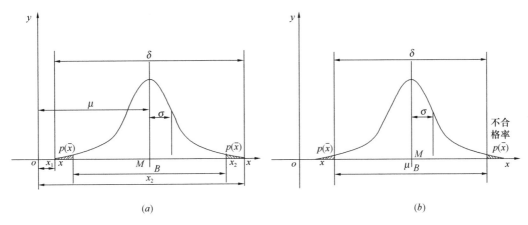

图 4-1　工序能力指数与合格率关系示意图

(a) $C_p > 1$；(b) $C_p < 1$

通常情况下，根据产品质量评定要求可将工序能力指数 C_p 分为五个等级，见表 4-1。当 σ 值为常数时，不合格率 $P(\bar{t})$ 随 δ 值的变化如图 4-2 所示。当不合格率 $P(\bar{t})$ 为常数时，σ 值与 δ 值的变化如图 4-3 所示。

工序能力分级　　　　　　　　　　　　　　　　　表 4-1

加工级别	C_p 值	δ 值 (σ 不变)	σ 值 (δ 不变)	不合格率 $P(\bar{x})$	备　注
特级	$C_p > 1.67$	$\delta_0 > 10\sigma$	$\sigma_0 \leqslant \dfrac{\delta}{10}$	$P(\bar{x}) < 6 \times 10^{-7}$	工序能力过于富裕，即使有部分外来波动也不用担心，可考虑降低成本措施，放宽检验或管理
一级	$1.33 \leqslant C_p \leqslant 1.67$	$8\sigma \leqslant \delta_0 \leqslant 10\sigma$	$\dfrac{\delta}{10} \leqslant \sigma_1 \leqslant \dfrac{\delta}{8}$	$6 \times 10^{-7} < P(\bar{x}) < 6 \times 10^{-5}$	工序能力富裕，允许小的外来波动，如果不是重要工序可放宽检查，工序控制抽样间隔可放宽些
二级	$1 \leqslant C_p \leqslant 1.33$	$6\sigma \leqslant \delta_0 \leqslant 8\sigma$	$\dfrac{\delta}{8} \leqslant \sigma_2 \leqslant \dfrac{\delta}{6}$	$6 \times 10^{-5} < P(\bar{x}) < 0.27\%$	工序能力适当，检查按规定进行，不放宽也不加严
三级	$0.67 \leqslant C_p \leqslant 1$	$4\sigma \leqslant \delta_0 \leqslant 6\sigma$	$\dfrac{\delta}{6} \leqslant \sigma_3 \leqslant \dfrac{\delta}{4}$	$0.27\% < P(\bar{x}) < 4.6\%$	工序能力不足，必须采取措施，提高工序能力，要加强检验或全检
四级	$C_p \leqslant 0.67$	$\delta_0 \leqslant 4\sigma$	$\sigma_4 > \dfrac{\delta}{4}$	$P(\bar{x}) > 4.6\%$	工序能力严重不足，立即追查原因，采取措施，会出现较多的不合格品，要加强检查，最好全检

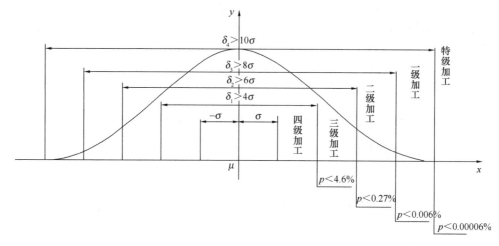

图 4-2　$\sigma =$ 常数

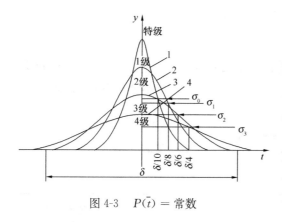

图 4-3　$P(\bar{t}) =$ 常数

3. 工序能力系数 C_P 与不合格率 $P(\bar{t})$ 的求法

在没有系统误差存在的稳定情况下，质量指标的分布中心 μ（用 $\bar{x}$ 估计）与图纸技术要求中心 M 相重合。但由于某种特殊原因或目的，会导致两者偏离。只要实际质量指标的波动范围保持不变，偏离 ε 不会引起工序能力变化，故工序能力系数也未改变。然而，相应的工序能力系数大小与实际质量水平的数值对应关系却发生了变化。通常为了区分两者差异，记偏离时与一定的质量水平对应的工序能力系数为 C'_P，称为当量工序能力系数。C'_P 既反映了波动范围与质量水平的关系，又反映了由系统原因引起的平均值与技术要求的质量指标中心位置 M 的偏离对质量水平的影响。

根据 μ 与 M 是否重合，可确立工序能力系数 C_P 与不合格率 $P(\bar{t})$ 的对应关系，具体如下：

（1）μ 与 M 重合情况

构件尺寸上下限及尺寸标准差可表示为：

$$\delta = 6\sigma(若\ C_p = 1) \ 或\ \delta = 6C_p\sigma(C_p \neq 1) \tag{a}$$

$$x_1 = \mu - \frac{\delta}{2} = \mu - 3C_p\sigma \tag{b}$$

$$x_2 = \mu + \frac{\delta}{2} = \mu + 3C_p\sigma \tag{c}$$

若 $\bar{x}$ 与 M 重合，则两者为对称关系，即 $p(t_1) = p(t_2)$。其中，t_1 和 t_2 可表示为：

$$t_1 = \frac{x_1 - \mu}{\sigma} = \frac{\mu - 3C_p\sigma - \mu}{\sigma} = -3C_p \tag{d}$$

$$t_2 = \frac{x_2 - \mu}{\sigma} = \frac{\mu + 3C_p\sigma - \mu}{\sigma} = + 3C_p \qquad (e)$$

又因

$$p(t) = p(-3C_p) + p(3C_p) \qquad (f)$$

$$p(-3C_p) = p(3C_p) \qquad (g)$$

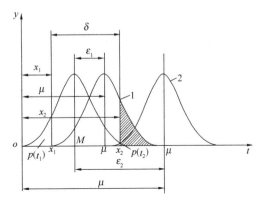

故可求得合格率 $p(t)$ 和不合格率 $p(\bar{t})$ 分别为：

$$p(t) = 2p(3C_p) \qquad (4-4)$$

$$p(\bar{t}) = 1 - 2p(3C_p) \qquad (4-5)$$

（2）μ 与 M 不重合情况

由于正态分布的对称性，不合格率仅与 δ、ε、σ 的大小有关，与 ε 的方向无关，图 4-4 所示为向右偏离的情形。若令两者偏差为 $|\mu - M| = \varepsilon$，则会存在如下情况：

图 4-4　μ 与 M 不重合的情形

1）当 $\varepsilon_1 \leqslant \dfrac{\delta}{2}$ 时

$$x_1 = \mu - \left(\frac{\delta}{2} + \varepsilon_1\right)$$

$$x_2 = \mu + \left(\frac{\delta}{2} - \varepsilon_1\right)$$

$$t_1 = \frac{x_1 - \mu}{\sigma} = \frac{\left[\mu - \left(\frac{\delta}{2} + \varepsilon_1\right)\right] - \mu}{\sigma} = \frac{-\left(\frac{\delta}{2} + \varepsilon_1\right)}{\sigma}$$

$$t_2 = \frac{x_2 - \mu}{\sigma} = \frac{\left[\mu + \left(\frac{\delta}{2} - \varepsilon_1\right)\right] - \mu}{\sigma} = \frac{\frac{\delta}{2} - \varepsilon_1}{\sigma}$$

合格率 $p(t)$ 和不合格率 $p(\bar{t})$ 分别为：

$$p(t) = p(t_1) + p(t_2)$$

$$= p\left[\frac{-\left(\frac{\delta}{2} + \varepsilon_1\right)}{\sigma}\right] + p\left[\frac{\left(\frac{\delta}{2} - \varepsilon_1\right)}{\sigma}\right] \qquad (4-6)$$

$$P(\bar{t}) = 1 - p(t) = 1 - \left\{p\left[\frac{-\left(\frac{\delta}{2} + \varepsilon_1\right)}{\sigma}\right] + p\left[\frac{\left(\frac{\delta}{2} - \varepsilon_1\right)}{\sigma}\right]\right\} \qquad (4-7)$$

若令式（4-7）中：

$$\left\{p\left[\frac{-\left(\frac{\delta}{2} + \varepsilon_1\right)}{\sigma}\right] + p\left[\frac{\left(\frac{\delta}{2} - \varepsilon_1\right)}{\sigma}\right]\right\} = 2p(3C_p') \qquad (4-8)$$

C_p' 为当量工序能力指数。由式（4-8），可得：

$$C_p' = \frac{1}{3}p^{-1}\left\{\frac{1}{2}p\left[\frac{-\left(\frac{\delta}{2} + \varepsilon_1\right)}{\sigma}\right] + p\left[\frac{\left(\frac{\delta}{2} - \varepsilon_1\right)}{\sigma}\right]\right\}$$

$$= \frac{1}{3}p^{-1}\left[\frac{p(t)}{2}\right] \qquad (4-9)$$

式中：p^{-1} 称为正态分布函数的反函数。

由以上结果可知，偏移对不合格率影响较大。当工序能力指数变化不大时，在工艺上应尽量避免系统误差的存在。

2）当 $\varepsilon_2 > \dfrac{\delta}{2}$ 时，则有

$$x_1 = \mu - \left(\varepsilon_2 + \frac{\delta}{2}\right), x_2 = \mu - \left(\varepsilon_2 - \frac{\delta}{2}\right)$$

$$t_1 = \frac{x_1 - \mu}{\sigma} = \frac{-\left(\varepsilon_2 + \dfrac{\delta}{2}\right)}{\sigma}$$

$$t_2 = \frac{x_2 - \mu}{\sigma} = \frac{-\left(\varepsilon_2 - \dfrac{\delta}{2}\right)}{\sigma}$$

相应的合格率 $p(t)$ 和不合格率 $p(\bar{t})$ 分别为：

$$p(t_1) = 0,$$

$$p(t_2) = 0.5 - p\left[\frac{-\left(\varepsilon_2 - \dfrac{\delta}{2}\right)}{\sigma}\right]$$

$$p(\bar{t}) = 1 - \left\{0.5 - \rho\left[\frac{-\left(\varepsilon_2 - \dfrac{\delta}{2}\right)}{\sigma}\right] = 0.5 + p\left[\frac{-\left(\varepsilon_2 - \dfrac{\delta}{2}\right)}{\sigma}\right]\right\} \tag{4-10}$$

$$C'_p = \frac{1}{3} p^{-1}\left\{\frac{1}{2}\left\{0.5 + p\left[\frac{-\left(\varepsilon_2 - \dfrac{\delta}{2}\right)}{\sigma}\right]\right\}\right\} \tag{4-11}$$

4.1.2　正态分布数据的工序能力指数

工序能力作为一种统计指标可衡量过程能力的大小，表示产品的过程能力满足设计标准规定目标的程度，以便确定生产过程输出量是否满足产品设计阶段制定的质量要求。常用来表达均值在生产过程中相对于质量目标值偏移度以及本身质量特性离散度的综合性的工序能力指数是 C_p、C_{pk} 和 C_{pm}。本章节以下将讨论当实测分组数据符合正态分布时，过程均值 μ 与设计目标值 M 的相对位置情况下 C_p 或 C_{pk} 的对应情况。

第一代工序能力指数可用式（4-12）表示：

$$C_p = \frac{设计目标}{工序能力} = \frac{T}{B} = \frac{USL - LSL}{B} \tag{4-12}$$

式中：B 为工序能力。σ 为过程分布的标准差，按国际质量管理学中惯用的 $B = 6\sigma$（即保证 99.73% 的产品落在 $\mu \pm 3\sigma$ 区间内）处理。T 为公差范围，$T = USL - LSL$；USL 为公差上限、LSL 为公差下限。

由式（4-12）可知，当用 $B = 6\sigma$ 来表示工序能力（后文若无说明，工序能力均以 6σ 为准）时，σ 越大则工序能力指数越小。相应的公差范围可由式（4-13）表示：

$$T = C_p B = 6\sigma C_p \tag{4-13}$$

综上可知，若能确定 PC 构件产品尺寸特性数据的工序能力及工序能力指数，则可确定相对应的公差范围。有鉴于此，以下将分别探讨两种情况下的工序能力和工序能力指数特征。

（1）过程均值 μ 与设计目标值 M 重合

当过程分布均值 μ 与设计阶段质量目标值 M 重合或者偏移量极小时（图 4-5），则由式（4-13）可知在保证率为 99.73％和产品合格率 100％时对应的允许公差上下限为：

$$T_{\mathrm{u}} = \mu + 3\sigma C_{\mathrm{p}} \tag{4-14}$$

$$T_{\mathrm{u}} = \mu - 3\sigma C_{\mathrm{p}} \tag{4-15}$$

因此，相应的理论公差区间为 $[\mu - 3\sigma C_{\mathrm{p}}, \mu + 3\sigma C_{\mathrm{p}}]$。

（2）过程均值 μ 与设计目标值 M 不重合

实际产品生产中的 μ 与 M 一般不重合，即 $\mu \neq M$ 且 $|\mu - M| = e$，见图 4-6。

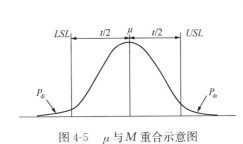

图 4-5　μ 与 M 重合示意图

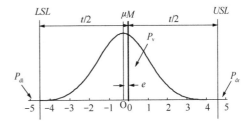

图 4-6　μ 与 M 不重合示意图

考虑到偏移量 e 的存在，对工序能力指数式（4-12）进行偏移修正，可得到式（4-16）。

$$C_{\mathrm{pk}} = \left(1 - \frac{\mu - M}{T/2}\right)\frac{T}{6\sigma} = (1 - K)C_{\mathrm{p}} \tag{4-16}$$

$$K = \frac{e}{T/2} = \frac{\mu - M}{T/2}$$

$$e = \mu - M$$

由式（4-16）可知，C_{p} 只是 C_{pk} 的一种特殊情况（$e=0$）。若 $C_{\mathrm{pk}}=C_{\mathrm{p}}$，则说明过程分布的均值与容差中心重合。若 $C_{\mathrm{pk}}<C_{\mathrm{p}}$，则说明过程分布的均值偏离容差中心，过程发生了偏移。如果 $C_{\mathrm{pk}}>1$，表明即使过程均值没有与容差中心重合，也只有一小部分点落在了公差限以外。如果 $C_{\mathrm{pk}}<0$，说明过程分布中心落在了公差限以外。因此，不能将存在偏移量的这种情况用式（4-14）及式（4-15）得出使得以保证率为 99.73％的产品合格率为100％的允许公差上下限 $[\mu - 3\sigma C_{\mathrm{p}}, \mu + 3\sigma C_{\mathrm{p}}]$。

4.1.3　非正态分布数据的工序能力指数

在 4.1.2 节提及的 C_{p} 和 C_{pk} 都是基于分组数据服从正态分布的前提假设，并利用 6σ 原理赋予工序能力 $B=6\sigma$；然后，根据已知的质量设计目标公差限和式（4-16），即可求得当前实测生产线的工序能力指数。在特殊情况下，部分质量特性偏差值数据组不服从正态分布。因此，难以采用式（4-14）和式（4-16）计算工序能力指数。质量管理学家 Somerville 在 1986 年验证了，当实际服从 t 分布的数据组，若按上述服从正态分布的工序能力计算方式求得的产品合格率与原本按实际数据求得的合格率相差甚远。

目前，主要采取三种方式开展非正态分布数据的工序能力指数分析，具体内容如下：

1. 数据转化

将非正态数据通过特定模式变换为正态分布数据后，再采用常规的正态分布方式求解工序能力指数。常用的转换方法主要为 Johnson 转化和 Box-Cox 转化。Box-Cox 转化是利用 K-S 检验进行转化后数据的正态性检验，该法比较适用于分组数据样本量小于 100。该法缺点是在转化过程中如果对参数 λ 的估计不准确，会导致不但结果不服从正态分布，且反复地修改参数 λ 也会造成工作量的大幅度增加。此外，Box-Cox 转化方法要求原始数据皆为正数，否则无法进行转化。Johnson 转化方法可以得到数据拟合分布，并且对原始数据本身没有要求。然而，Johnson 转化模型无法存在因分布体系、估计方法及出界的百分比不同而使得结果出现很大的差异，转化结果不唯一且复杂。

2. 加权方法

Bai 和 Choi 利用加权两个正态分布的方法来进行非正态分布的正态拟合，从而将非正态分布拆解为两个同均值但非等方法的正态分布；然后，分别研究两个正态分布，加权平均处理得到非正态数据的工序能力指数。该法缺陷是改造为正态分布及其分布类型不唯一。转化结果也可能存在不唯一性，导致评价指标与原始数据存在差异。

3. Clements 方法

Clements 提出了利用 $B = X_{99.865\%} - X_{0.135\%}$ 代替正态分布方法计算得到相应的 6σ，具体内容如下：

$$X_{0.135\%} = X_{50\%} - B/2, X_{50\%} = \mu, X_{99.865\%} = X_{50\%} + B/2 \qquad (4-17)$$

$$C_p = \frac{USL - LSL}{X_{99.865\%} - X_{0.135\%}} \qquad (4-18)$$

$$C_{pk} = \min\left\{ \frac{USL - X_{50\%}}{X_{99.875\%} - X_{50\%}}, \frac{X_{50\%} - LSL}{X_{50\%} - X_{0.135\%}} \right\} \qquad (4-19)$$

采用 Clements 方法开展转变的关键是准确地得到数据的百分位数和确定非正态数据所服从的分布。通过 MATLAB 曲线拟合工具进行各种常见分布的曲线拟合，或者通过 Person 分布族拟合偏态数据的分布形态。Clements 方法缺点是需要得到数据分布函数；这就意味着原始数据样本量不可以过小，否则难以准确估计原始数据的分布形态而导致结果存在较大偏差。

通过分析对比，本章节优选 Clements 方法计算非正态数据的工序能力指数。基于第三章中分组数据的非正态分布所拟合的常见分布，本节给出了几个常见分布的百分位数计算方法，具体如下。

（1）Weibull 分布

Weibull 分布是质量管理学中的一种常见非正态分布，随机变量 x 服从如下的概率密度函数：

$$\begin{cases} w(x;\alpha,\beta) = \frac{\alpha x^{\alpha-1}}{\beta} e^{\left(-\frac{x^{\alpha}}{\beta}\right)}, x > 0 \\ w(x;\alpha,\beta) = 0, x \leqslant 0 \end{cases} \qquad (4-20)$$

由式（4-20）可推导其分布函数为：

$$F(x) = 1 - \exp\left[-\left(-\frac{x}{\beta} \right)^{\alpha} \right] \qquad (4-21)$$

对式（4-20）在区间 $[0, X_{1-p}]$ 的积分，可得：

$$\int_0^{X_{1-p}} \frac{\alpha}{\beta} \left(\frac{x}{\beta} \right)^{\alpha-1} e^{-\left(\frac{x}{\beta} \right)^{\alpha}} dx = 1 - p \qquad (4-22)$$

求解上述过程，可得：

$$X_{1-p} = \beta \sqrt[\alpha]{-\ln p} \tag{4-23}$$

$$X_p = \beta \sqrt[\alpha]{-\ln(1-p)} \tag{4-24}$$

将上述参数代入式（4-18）和（4-19），可知相应的工序能力指数为：

$$C_p = \frac{USL - LSL}{X_{1-p} - X_p} = \frac{USL - LSL}{\beta \sqrt[\alpha]{-\ln p} - \beta \sqrt[\alpha]{-\ln(1-p)}} \tag{4-25}$$

$$C_{pk} = \min\left\{ \frac{USL - \mu}{\beta \sqrt[\alpha]{-\ln p} - X_M}, \frac{\mu - LSL}{X_M - \beta \sqrt[\alpha]{-\ln(1-p)}} \right\} \tag{4-26}$$

（2）均匀分布

该分布广泛地应用于各种数学模拟中，尤其是蒙特卡洛法。满足均匀分布 $U(a,b)$ 的随机变量 x 的概率密度函数为：

$$f(x) = \frac{1}{b-a}(a \leqslant x \leqslant b) \tag{4-27}$$

对应式（4-27）的分布函数为：

$$F(x) = \frac{x-a}{b-a}(a \leqslant x \leqslant b) \tag{4-28}$$

若 $U(a,b)$ 的均值 $E(X) = (a+b)/2$ 和方差为 $Var(X) = (b-a)^2/12$，则有：

$$X_p = a + p(b-a) \tag{4-29}$$

$$X_{1-p} = a + (1-p)(b-a) \tag{4-30}$$

将式（4-29）和式（4-30）代入式（4-18）与（4-19），则可得相应的工序能力指数：

$$C_p = \frac{USL - LSL}{X_{1-p} - X_p} = \frac{USL - LSL}{(1-2p)(b-a)} \tag{4-31}$$

$$C_{pk} = \min\left\{ \frac{USL - \mu}{a + (1-p)(b-a) - X_M}, \frac{\mu - LSL}{X_M - a - p(b-a)} \right\} \tag{4-32}$$

（3）指数分布

该分布当生产线故障或生产过程不可控时产品质量特性所服从的常见分布，服从指数分布的随机变量 x 满足的概率密度函数和分布函数分别为：

$$f(x) = \frac{1}{\theta}\exp\left(-\frac{x}{\theta}\right), \; x \geqslant 0, \; \theta > 0 \tag{4-33}$$

$$F(x) = 1 - \exp\left(-\frac{x}{\theta}\right), \; x \geqslant 0, \; \theta > 0 \tag{4-34}$$

因 $E(X) = \theta$ 和 $Var(\theta) = \theta^2$，采用 Weibull 分布分位数计算方法对概率密度函数在区间 $[0, X_p]$ 上的积分可得：

$$X_p = \theta \ln\left(\frac{1}{1-p}\right) \tag{4-35}$$

$$X_{1-p} = \theta \ln\left(\frac{1}{p}\right) \tag{4-36}$$

将式（4-35）和式（4-36）代入式（4-18）与（4-19），则可得相应的工序能力指数：

$$C_p = \frac{USL - LSL}{X_{1-p} - X_p} = \frac{USL - LSL}{\theta \ln\left(\frac{1}{1-p}\right) - \theta \ln\left(\frac{1}{p}\right)} \tag{4-37}$$

$$C_{pk} = \min\left\{\frac{USL-\mu}{\theta\ln\left(\frac{1}{1-p}\right)-X_M}, \frac{\mu-LSL}{X_M-\theta\ln\left(\frac{1}{p}\right)}\right\} \tag{4-38}$$

4.2 基于工序能力指数的合格率评价指标

当过程均值 μ 与设计目标值 M 不重合时，单一工序能力指数 C_p 只能评价其生产线的工序能力。C_{pk} 虽可反映过程均值与目标值的大致偏移情况，但不能直观地表达 PC 构件依据现行规范的最终合格率。因此，基于 C_p 和 C_{pk} 推导出合格率指标 P_v，反映过程均值与目标设计值的偏移与最终合格率，实现 PC 构件生产能力的双重评价。

4.2.1 正态分布合格率指标

鉴于 C_p 是 C_{pk} 的一种特殊情况（$e=0$），若 $C_{pk}=C_p$ 则说明过程分布的均值与容差中心重合，见图 4-5。如果基于允许公差限将正态分布图分为"左区"、"中区"和"右区"三个部分，并设定"左区"为过程分布数据低于允许公差下限的情况、"中区"为过程分布数据刚好落在允许公差限内的情况、"右区"为过程分布数据超过允许公差上限的情况，则由正态分布的特性可将此三部分的概率总结为表 4-2。

公差带各区域概率　　　　　　　　　表 4-2

公差带区域	概率表达式
左区	$P_{dl} = \phi\left(\frac{LSL-\mu}{\sigma}\right)$
中区	$P_v = \phi\left(\frac{USL-\mu}{\sigma}\right) - \phi\left(\frac{LSL-\mu}{\sigma}\right)$
右区	$P_{dr} = 1 - \phi\left(\frac{USL-\mu}{\sigma}\right)$

当过程分布的均值与容差中心不重合时（图 4-6），那么由正态分布的特性可将此三部分的概率总结为表 4-3。

正态分布合格率指标分区表　　　　　　　表 4-3

公差带区域	概率表达式
左区	$P_{dl} = \Phi[-3C_p(1+K)]$
中区	$P_v = \Phi[3C_p(1-K)] - \Phi[-3C_p(1+K)]$
右区	$P_{dr} = 1 - \Phi[3C_p(1-K)]$

由表 4-3 可知，批量样本的合格率及不合格率指标为：

$$P_v = \Phi[3C_p(1-K)] - \Phi[-3C_p(1+K)] \tag{4-39}$$
$$P_d = 1 - \Phi[3C_p(1-K)] + \Phi[-3C_p(1+K)] \tag{4-40}$$

采用 MATLAB 求解式（4-39），可得相应的合格率和不合格率计算式，如式（4-41）和式（4-42）所示。

$$P_v = cdf('norm',((usl-lsl)/(2s)-(m)/s),0,1)$$
$$- cdf('norm',(-(usl-lsl)/(2s)-(m)/s),0,1) \tag{4-41}$$

$$P_d = cdf('norm', 3C_P(1-K), 0, 1) - cdf('norm', -3C_P(1-K), 0, 1) \quad (4\text{-}42)$$

4.2.2 非正态分布合格率指标

服从非正态分布的尺寸特性数据因分布的不确定性和函数公式的不全面，故导致其不能按照正态分布数据推导计算。与 4.1.3 中相对应，本章节从百分位数角度来分析给出了常见的三种非正态分布的合格率计算方法。

以构件尺寸偏差的 Weibull 分布为例。利用式（4-13）和式（4-24）在已知目标百分位数求得百分位数点位置；然后，通过逆推公式求解已知确定函数某自变量 x 值，从而得到自变量 x 所对应的函数的百分位数，见式（4-43）。

$$X_p = \beta \sqrt[\alpha]{-\ln(1-p)} \Rightarrow p = 1 - 1/e^{\left(\frac{X_p}{\beta}\right)^\alpha} \quad (4\text{-}43)$$

式中：X_p 对应 p 的百分位数。

将现行国家规范标准中的 PC 构件允许公差限 $X_p = USL$，$X_p = LSL$ 代入式（4-43），可得到 USL 和 LSL 所对应的百分位数 P_U 和 P_L：

$$P_U = 1 - 1/e^{\left(\frac{USL}{\beta}\right)^\alpha} \quad (4\text{-}44)$$

$$P_L = 1 - 1/e^{\left(\frac{LSL}{\beta}\right)^\alpha} \quad (4\text{-}45)$$

合格率为两者之差，即：

$$P_v = P_U - P_L = 1/e^{\left(\frac{LSL}{\beta}\right)^\alpha} - 1/e^{\left(\frac{USL}{\beta}\right)^\alpha} \quad (4\text{-}46)$$

同理，可得均匀分布 $U(a,b)$ 和指数分布 $X \sim E(\theta)$ USL 和 LSL 所对应的百分位数与相应的合格率：

$$P_U = \frac{USL - a}{b - a} \quad (4\text{-}47)$$

$$P_L = \frac{LSL - a}{b - a} \quad (4\text{-}48)$$

$$P_v = P_U - P_L = \frac{USL - a}{b - a} - \frac{LSL - a}{b - a} \quad (4\text{-}49)$$

$$P_U = 1 - 1/e^{\frac{USL}{\theta}} \quad (4\text{-}50)$$

$$P_L = 1 - 1/e^{\frac{LSL}{\theta}} \quad (4\text{-}51)$$

$$P_v = P_U - P_L = 1/e^{\frac{LSL}{\theta}} - 1/e^{\frac{USL}{\theta}} \quad (4\text{-}52)$$

4.3 装配式建筑 PC 构件公差阈值分析

4.3.1 工序能力指数取值

众所周知，工序能力指数 C_p 可用来评价工序能力，合格率指标 P_v 可用来反映过程均值与目标设计值的偏移量及合格率。然而，仅计算 PC 构件尺寸的工序能力指数无法评价体系合理性。因此，还需确定工序能力指数目标值；若低于目标值，则视为不合格；反之，高于目标值则可视为合格。由式（4-29）和式（4-30）可得到 C_p 与 P_v 间的关系，见图 4-7。通过确定工序能力指数目标值，则可得到合格率目标值。

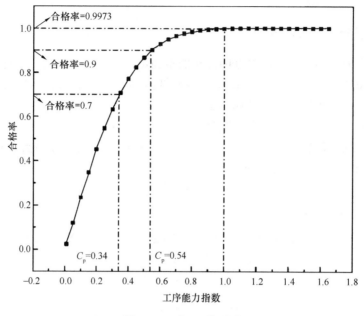

图 4-7 C_p 与 P_v 关系图

《预制混凝土构件质量检验评定标准》GBJ 321—90 中推荐的预制混凝土构件合格保证率值为 70%，产品优良的合格保证率为 90%。图 4-7 表明与保证率对应的工序能力指数分别为 0.34 和 0.54。由表 4-5 可知各类 PC 构件尺寸工序能力指数 C_p 范围在 0.81～5.21 之间，即全部达到了《预制混凝土构件质量检验评定标准》GBJ 321—90 中规定的目标工序能力指数 C_p。

若按照质量管理学中对 C_p 的评级（表 4-4），维持过程状态稳定对应的 C_p 值为 1.0～1.33，即 C_p 的目标下限值为 1。综合考虑构件公差控制要求和经济成本，确定工序能力指数目标下限值 C_p 为 1.0，相应的合格率指标目标值可达到 99.73%。

生产能力的工序能力指数评价 表 4-4

等级	C_p 值	处理原则
A^+	$C_p \geqslant 1.67$	过程稳定性过高考虑降低成本
A	$1.33 \leqslant C_p < 1.67$	过程状态优秀可维持现状
B	$1.00 \leqslant C_p < 1.33$	过程状态稳定可维持现状
C	$0.67 \leqslant C_p < 1.00$	过程不良产品较多，必须采取措施提升其能力
D	$C_p < 0.67$	过程能力较差，应立即停产，重新整改设计过程

根据式（4-4）和式（4-5）可知，C_p 为 1.0 时的服从正态分布实测数据公差上下限应为：

$$T_u = \mu + 3\sigma C_p = \mu + 3\sigma \tag{4-53}$$

$$T_l = \mu - 3\sigma C_p = \mu - 3\sigma \tag{4-54}$$

C_p 为 1.0 时的服从非正态分布实测数据公差上下限应为：

$$B = USL - LSL = X_{99.865\%} - X_{0.135\%} \tag{4-55}$$

$$T_u = X_{99.865\%} \tag{4-56}$$

$$T_l = X_{0.135\%} \tag{4-57}$$

4.3.2　装配式建筑 PC 构件公差阈值分析

1. 预制梁尺寸公差阈值分析

（1）长度尺寸

预制梁长度尺寸服从正态分布 N（7.98，0.98），《装配式混凝土建筑技术标准》GB/T 51231—2016 中规定的预制梁长度尺寸允许公差为 ± 5mm。根据 6σ 原理可知，保证 99.73% 的产品落在 $\mu \pm 3\sigma$ 区间内的工序能力为：

$$B = 6\sigma = 6 \times 0.98 = 5.88$$

根据公式（4-12）可知其工序能力指数 C_p 为：

$$C_p = \frac{USL - LSL}{B} = \frac{5 - (-5)}{5.88} = 1.70$$

已知质量设计目标值为 $M=0$，若考虑过程均值 μ 与设计目标值 M 不重合，则有：

偏移量：$e = \mu - M = 7.98 - 0 = 7.98$

偏移系数：$K = \dfrac{e}{T/2} = \dfrac{7.98}{5} = 1.596$

代入公式（4-16）可得：

$$C_{pk} = \left(1 - \frac{\mu - M}{T/2}\right)\frac{T}{6\sigma} = (1-K)C_p = (1-1.596) \times 1.70 = -1.01$$

代入式（4-32），可得按现行规范允许公差限合格率指标：

$$P_v = cdf(\text{'norm'}, 3C_p(1-K), 0, 1) - cdf(\text{'norm'}, -3C_p(1-K), 0, 1) = 0.997\%$$

根据式（4-33）和式（4-34），可得实测分组数据尺寸偏差上下限为：

$T_u = \mu + 3\sigma = 7.98 + 0.98 \times 3 = 10.92$mm

$T_l = \mu - 3\sigma = 7.98 - 0.98 \times 3 = 5.04$mm

因此，求解出的偏差区间为［5.04，10.92］，见图 4-8。

（2）宽度尺寸

预制柱宽度尺寸服从正态分布 N（2.35，0.78），《装配式混凝土建筑技术标准》GB/T 51231—2016 中规定的预制梁宽度尺寸允许公差为 ± 5mm。根据上述计算步骤，可得：

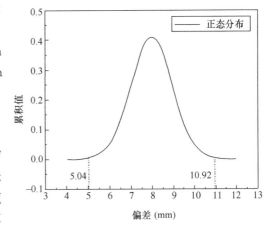

图 4-8　预制梁长度尺寸实测公差阈值

$$C_p = \frac{USL - LSL}{B} = \frac{5 - (-5)}{0.78 \times 6} = 2.14$$

$$C_{pk} = \left(1 - \frac{\mu - M}{T/2}\right)\frac{T}{6\sigma} = (1-K)C_p = (1 - 0.47) \times 2.14 = 1.13$$

$$P_v = cdf(\text{'norm'}, 3C_p(1-K), 0, 1) - cdf(\text{'norm'}, -3C_p(1-K), 0, 1) = 99.33\%$$

$$T_u = \mu + 3\sigma = 4.69\text{mm}$$

$$T_l = \mu - 3\sigma = 0.01\text{mm}$$

预制梁宽度尺寸偏移区间为 [0.01，4.69]，见图 4-9。

（3）高度尺寸

根据上述计算步骤，可求得预制梁高度尺寸偏差，具体如下：

$$C_p = \frac{USL - LSL}{B} = \frac{5-(-5)}{0.4 \times 6} = 4.17$$

$$C_{pk} = \left(1 - \frac{\mu - M}{T/2}\right)\frac{T}{6\sigma} = (1-K)C_p = 2.79$$

$$P_v = cdf(\text{'}norm\text{'}, 3C_p(1-K), 0, 1) - cdf(\text{'}norm\text{'}, -3C_P(1-K), 0, 1) = 100\%$$

$$T_u = \mu + 3\sigma = 0.45\text{mm}$$

$$T_l = \mu - 3\sigma = 2.85\text{mm}$$

预制梁高度尺寸偏差区间为 [0.45，2.85]，见图 4-10。

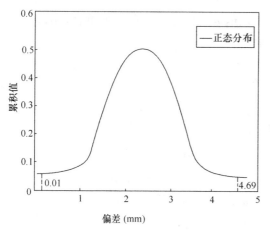

图 4-9　预制梁宽度尺寸实测公差阈值　　　图 4-10　预制梁高度尺寸实测公差阈值

2. 预制柱尺寸公差阈值分析

（1）高度尺寸

$$C_p = \frac{USL - LSL}{B} = \frac{5-(-5)}{0.49 \times 6} = 3.4$$

$$C_{pk} = \left(1 - \frac{\mu - M}{T/2}\right)\frac{T}{6\sigma} = (1-K)C_p = -2.71$$

$$P_v = cdf(\text{'}norm\text{'}, 3C_p(1-K), 0, 1) - cdf(\text{'}norm\text{'}, -3C_P(1-K), 0, 1) = 0\%$$

$$T_u = \mu + 3\sigma = -10.45\text{mm}$$

$$T_l = \mu - 3\sigma = -7.51\text{mm}$$

其区间为 [-10.45，-7.51]，具体如图 4-11 所示。

（2）边长尺寸

$$C_p = \frac{USL - LSL}{B} = \frac{5-(-5)}{0.32 \times 6} = 5.21$$

$$C_{pk} = \left(1 - \frac{\mu - M}{T/2}\right)\frac{T}{6\sigma} = (1-K)C_p = 3.76$$

$$P_v = cdf('norm', 3C_p(1-K), 0, 1) - cdf('norm', -3C_P(1-K), 0, 1) = 100\%$$

$$T_u = \mu + 3\sigma = 0.43\text{mm}$$

$$T_l = \mu - 3\sigma = 2.35\text{mm}$$

其区间为 [0.43，2.35]，具体如图 4-12 所示。

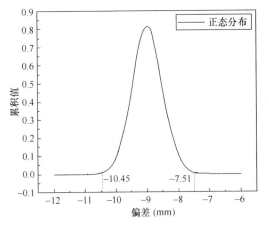

图 4-11 预制柱高度尺寸实测公差阈值   图 4-12 预制柱边长尺寸实测公差阈值

3. 叠合板尺寸公差阈值分析

（1）框架结构叠合板长度尺寸

$$C_p = \frac{USL - LSL}{B} = \frac{5 - (-5)}{0.41 \times 6} = 4.07$$

$$C_{pk} = \left(1 - \frac{\mu - M}{T/2}\right)\frac{T}{6\sigma} = (1 - K)C_p = 1.64$$

$$P_v = cdf('norm', 3C_p(1-K), 0, 1) - cdf('norm', -3C_P(1-K), 0, 1) = 100\%$$

$$T_u = \mu + 3\sigma = 1.75\text{mm}$$

$$T_l = \mu - 3\sigma = 4.21\text{mm}$$

其区间为 [1.75，4.21]，具体如图 4-13 所示。

（2）框架结构叠合板宽度尺寸

$$C_p = \frac{USL - LSL}{B} = \frac{5 - (-5)}{0.32 \times 6} = 5.21$$

$$C_{pk} = \left(1 - \frac{\mu - M}{T/2}\right)\frac{T}{6\sigma} = (1 - K)C_p = 2.07$$

$$P_v = cdf('norm', 3C_p(1-K), 0, 1) - cdf('norm', -3C_P(1-K), 0, 1) = 100\%$$

$$T_u = \mu + 3\sigma = 2\text{mm}$$

$$T_l = \mu - 3\sigma = 3.92\text{mm}$$

其区间为 $[2, 3.92]$，具体如图 4-14 所示。

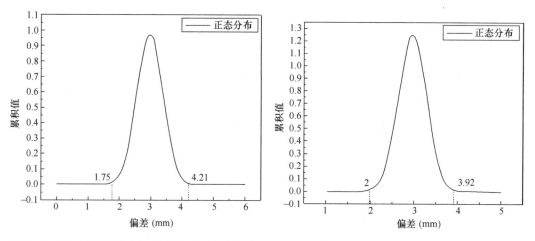

图 4-13　框架结构叠合板长度尺寸实测公差阈值　　图 4-14　框架结构叠合板宽度尺寸实测公差阈值

（3）框架结构叠合板厚度尺寸

框架结构体系叠合板厚度尺寸服从平移缩放后的 Weibull 分布 $20f(x; 0.72, 1.10)-1.44$，根据《装配式混凝土建筑技术标准》GB/T 51231—2016 中规定的框架结构体系叠合板厚度尺寸允许公差为 $\pm 5mm$。

由于 MATLAB 中 Weibull 分布的表达式为 $f(x) = abx^{b-1}e^{-ax^b}, x \geqslant 0$，而上文中分析的 Weibull 分布表达式为：

$$w(x; \alpha, \beta) = \frac{\alpha x^{\alpha-1}}{\beta}e^{\left(-\frac{x^\alpha}{\beta}\right)}, x > 0$$

式中：$\alpha = b = 1.10, \beta = 1/a = 1/0.72 = 1.39$。

根据公式（4-23）及公式（4-24）可知，

$$X_{0.135\%} = \beta\sqrt[\alpha]{-\ln p} = 1.39 \times \sqrt[1.10]{-\ln(1-0.00135)} = 0.0034$$

$$X_{99.865\%} = \beta\sqrt[\alpha]{-\ln(1-p)} = 1.39 \times \sqrt[1.10]{-\ln(1-0.99865)} = 7.730$$

$$X_{50\%} = \beta\sqrt[\alpha]{-\ln(1-p)} = 1.39 \times \sqrt[1.10]{-\ln(1-0.5)} = 0.995$$

考虑到函数的平移，那么真实的百分位数如下：

$$X_{0.135\%}{}' = = 0.0034 - 1.44 = -1.4366$$

$$X_{99.865\%}{}' = = 7.730 - 1.44 = 6.290$$

$$X_{50\%}{}' = 0.995 - 1.44 = -0.445$$

因此工序能力 $B = X_{99.865\%} - X_{0.135\%} = 7.730 - 0.0034 = 7.726$。

根据公式（4-12）可知其工序能力指数 C_p 为：

$$C_p = \frac{USL - LSL}{X_{1-p} - X_p} = \frac{USL - LSL}{\beta\sqrt[\alpha]{-\ln p} - \beta\sqrt[\alpha]{-\ln(1-p)}} = \frac{5 - (-5)}{7.726} = 1.294$$

已知质量设计目标值为 $M = 0$，那么考虑过程均值 μ 与设计目标值 M 不重合，那么代入公式（4-26）可得：

$$C_{pk} = \min\left\{\frac{USL - \mu}{\beta\sqrt[\alpha]{-\ln p} - X_M}, \frac{\mu - LSL}{X_M - \beta\sqrt[\alpha]{-\ln(1-p)}}\right\} = \min(4.593, 0.808) = 0.808$$

将 $USL=5$，$LSL=-5$ 代入公式（4-34）及（4-35）中可得：

$$p_\mathrm{U}=1-1/e^{\left(\frac{USL}{\beta}\right)^\alpha}=1-1/e^{\left(\frac{5+1.44}{1.39}\right)^{1.10}}=0.99549$$

$$p_\mathrm{L}=1-1/e^{\left(\frac{LSL}{\beta}\right)^\alpha}=1-1/e^{\left(\frac{-5+1.44}{1.39}\right)^{1.10}}=-15.6$$

因为 $x>0$，这说明 $p_\mathrm{L}=0$，那么根据公式（4-36），可知框架结构体系叠合板厚度尺寸批量合格率为：

$$P_\mathrm{v}=P_\mathrm{U}-P_\mathrm{L}=1/e^{\left(\frac{LSL}{\beta}\right)^\alpha}-1/e^{\left(\frac{USL}{\beta}\right)^\alpha}$$
$$=0.99549$$

所以其合格率为 99.549%。

根据公式（4-46）及公式（4-47），可知实测分组数据尺寸偏差上下限为：

$$T_\mathrm{u}=X_{99.865\%}=-1.436\mathrm{mm}$$
$$T_l=X_{0.135\%}=6.29\mathrm{mm}$$

其偏差上下限区间为 [－1.44，6.29]，具体如图 4-15 所示。

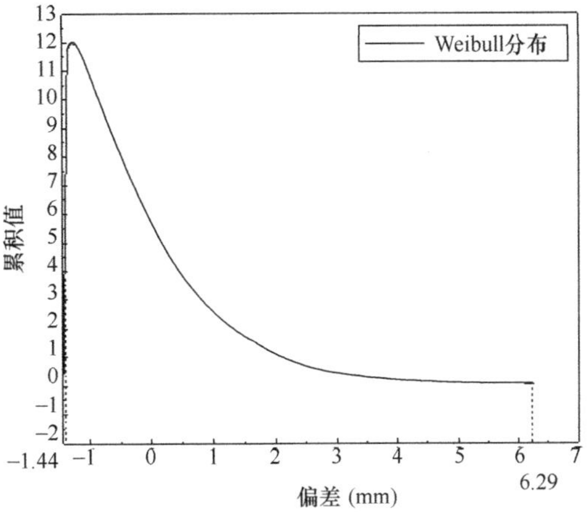

图 4-15 框架结构叠合板厚度尺寸实测公差阈值

（4）剪力墙结构叠合板长度尺寸

$$C_\mathrm{p}=\frac{USL-LSL}{B}=\frac{5-(-5)}{0.46\times 6}=3.62$$

$$C_\mathrm{pk}=\left(1-\frac{\mu-M}{T/2}\right)\frac{T}{6\sigma}=(1-K)C_\mathrm{p}=2$$

$$P_\mathrm{v}=cdf('norm',3C_\mathrm{p}(1-K),0,1)-cdf('norm',-3C_\mathrm{P}(1-K),0,1)=100\%$$
$$T_\mathrm{u}=\mu+3\sigma=3.62\mathrm{mm}$$
$$T_l=\mu-3\sigma=0.86\mathrm{mm}$$

其区间为 [0.86，3.62]，具体如图 4-16 所示。

（5）剪力墙结构叠合板宽度尺寸

$$C_\mathrm{p}=\frac{USL-LSL}{B}=\frac{5-(-5)}{0.43\times 6}=3.88$$

$$C_\mathrm{pk}=\left(1-\frac{\mu-M}{T/2}\right)\frac{T}{6\sigma}=(1-K)C_\mathrm{p}=2.26$$

$$P_\mathrm{v}=cdf('norm',3C_\mathrm{p}(1-K),0,1)$$
$$-cdf('norm',-3C_\mathrm{P}(1-K),0,1)$$
$$=100\%$$
$$T_\mathrm{u}=\mu+3\sigma=3.38\mathrm{mm}$$
$$T_l=\mu-3\sigma=0.8\mathrm{mm}$$

其区间为 [0.8，3.38]，具体如图 4-17 所示。

（6）剪力墙结构叠合板厚度尺寸

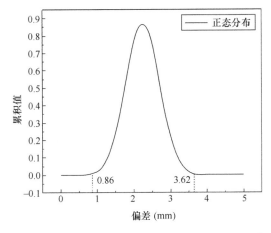

图 4-16 剪力墙结构叠合板长度尺寸实测公差阈值

$$X_{0.135\%}' = -1.33\text{mm}$$

$$X_{99.865\%}' = 2.94\text{mm}$$

$$X_{50\%}' = -0.39$$

$$C_p = \frac{USL - LSL}{X_{1-p} - X_p} = \frac{5 - (-5)}{4.27} = 2.34$$

$$C_{pk} = \min\left\{ \frac{USL - \mu}{\beta\sqrt[\alpha]{-\ln p} - X_M}, \frac{\mu - LSL}{X_M - \beta\sqrt[\alpha]{-\ln(1-p)}} \right\} = 1.58$$

$$P_v = P_U - P_L = 99.01\%$$

$$T_u = X_{99.865\%} = 2.94\text{mm}$$

$$T_l = X_{0.135\%} = -1.33\text{mm}$$

其区间为 $[-1.33，2.94]$，具体如图 4-18 所示。

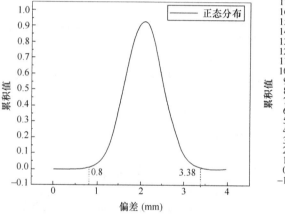

图 4-17　剪力墙结构叠合板宽度尺寸　　　图 4-18　剪力墙结构叠合板厚度尺寸
　　　　　实测公差阈值　　　　　　　　　　　　　　实测公差阈值

4. 预制内隔墙尺寸公差阈值分析

（1）长度（<2m）尺寸

$$C_p = \frac{USL - LSL}{B} = \frac{4 - (-4)}{1.37 \times 6} = 0.97$$

$$C_{pk} = \left(1 - \frac{\mu - M}{T/2}\right)\frac{T}{6\sigma} = (1 - K)C_p = 0.68$$

$$P_v = cdf('norm', 3C_p(1-K), 0, 1) - cdf('norm', -3C_P(1-K), 0, 1) = 95.76\%$$

$$T_u = \mu + 3\sigma = 2.89\text{mm}$$

$$T_l = \mu - 3\sigma = -5.23\text{mm}$$

其区间为 $[-5.23，2.89]$，具体如图 4-19 所示。

（2）长度（2~3m）尺寸

$$C_p = \frac{USL - LSL}{B} = \frac{4 - (-4)}{1.65 \times 6} = 0.81$$

$$C_{pk} = \left(1 - \frac{\mu - M}{T/2}\right)\frac{T}{6\sigma} = (1 - K)C_p = 0.62$$

$$P_v = cdf(\text{'norm'}, 3C_p(1-K), 0, 1) - cdf(\text{'norm'}, -3C_p(1-K), 0, 1) = 93.81\%$$

$$T_u = \mu + 3\sigma = 4.03\text{mm}$$

$$T_l = \mu - 3\sigma = -5.87\text{mm}$$

其区间为 $[-5.87, 4.03]$，具体如图 4-20 所示。

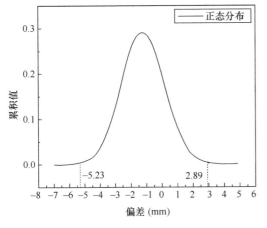

图 4-19　预制内隔墙长度（<2m）尺寸　　　　图 4-20　预制内隔墙长度（2～3m）尺寸
　　　　　实测公差阈值　　　　　　　　　　　　　　　实测公差阈值

（3）高度尺寸

$$C_p = \frac{USL - LSL}{B} = \frac{4 - (-4)}{1.15 \times 6} = 1.15$$

$$C_{pk} = \left(1 - \frac{\mu - M}{T/2}\right)\frac{T}{6\sigma} = (1 - K)C_p = 0$$

$$P_v = cdf(\text{'norm'}, 3C_p(1-K), 0, 1) - cdf(\text{'norm'}, -3C_p(1-K), 0, 1) = 0\%$$

$$T_u = \mu + 3\sigma = -0.55\text{mm}$$

$$T_l = \mu - 3\sigma = -7.45\text{mm}$$

其区间为 $[-7.45, -0.55]$，具体如图 4-21 所示。

（4）厚度尺寸

$$X_{0.135\%}{}' = -1.87$$

$$X_{99.865\%}{}' = -0.89$$

$$X_{50\%}{}' = 0.59$$

$$C_p = \frac{USL - LSL}{X_{1-p} - X_p} = \frac{3 - (-3)}{2.46} = 2.44$$

$$C_{pk} = \min\left\{\frac{USL - X_{50\%}}{X_{99.875\%} - X_{50\%}}, \frac{X_{50\%} - LSL}{X_{50\%} - X_{0.135\%}}\right\} = 2.22$$

$$P_v = P_U - P_L = 100\%$$

$$T_u = X_{99.865\%} = 0.59 \text{mm}$$

$$T_l = X_{0.135\%} = -1.87 \text{mm}$$

其区间为 $[-1.87, 0.59]$，具体如图 4-22 所示。

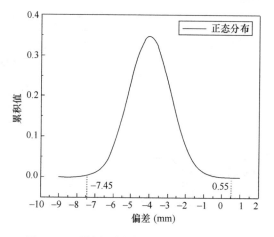

图 4-21　预制内隔墙高度尺寸实测公差阈值　　图 4-22　预制内隔墙厚度尺寸实测公差阈值

5. 外挂墙板尺寸公差阈值分析

（1）长度（<3m）尺寸

$$C_p = \frac{USL - LSL}{B} = \frac{4 - (-4)}{1.19 \times 6} = 1.12$$

$$C_{pk} = \left(1 - \frac{\mu - M}{T/2}\right)\frac{T}{6\sigma} = (1 - K)C_p = -0.57$$

$$P_v = cdf('norm', 3C_p(1-K), 0, 1) - cdf('norm', -3C_P(1-K), 0, 1) = 0\%$$

$$T_u = \mu + 3\sigma = -2.33 \text{mm}$$

$$T_l = \mu - 3\sigma = -9.77 \text{mm}$$

其区间为 $[-9.77, -2.33]$，具体如图 4-23 所示。

（2）长度（3~4m）尺寸

$$C_p = \frac{USL - LSL}{B} = \frac{4 - (-4)}{1.5 \times 6} = 0.89$$

$$C_{pk} = \left(1 - \frac{\mu - M}{T/2}\right)\frac{T}{6\sigma} = (1 - K)C_p = -0.96$$

$$P_v = cdf('norm', 3C_p(1-K), 0, 1) - cdf('norm', -3C_P(1-K), 0, 1) = 0\%$$

$$T_u = \mu + 3\sigma = -3.83 \text{mm}$$

$$T_l = \mu - 3\sigma = -12.83 \text{mm}$$

其区间为 $[-12.83, -3.83]$，具体如图 4-24 所示。

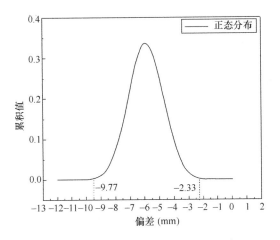

图 4-23　外挂墙板长度（<3m）尺寸
实测公差阈值

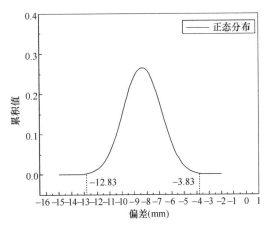

图 4-24　外挂墙板长度（3~4m）尺寸
实测公差阈值

（3）高度尺寸

$$C_{\mathrm{p}} = \frac{USL - LSL}{B} = \frac{4 - (-4)}{1.24 \times 6} = 0.99$$

$$C_{\mathrm{pk}} = \left(1 - \frac{\mu - M}{T/2}\right)\frac{T}{6\sigma} = (1 - K)C_{\mathrm{p}} = 0.01$$

$$P_{\mathrm{v}} = cdf(\text{'}norm\text{'}, 3C_{\mathrm{p}}(1-K), 0, 1) - cdf(\text{'}norm\text{'}, -3C_{\mathrm{p}}(1-K), 0, 1) = 1.93\%$$

$$T_{\mathrm{u}} = \mu + 3\sigma = -0.25\mathrm{mm}$$

$$T_l = \mu - 3\sigma = -7.69\mathrm{mm}$$

其区间为 [−7.69，−0.25]，具体如图 4-25 所示。

（4）厚度尺寸

$$X_{0.135\%}{}' = -1.74$$

$$X_{99.865\%}{}' = -0.89$$

$$X_{50\%}{}' = 1.90$$

$$C_{\mathrm{p}} = \frac{USL - LSL}{X_{1-\mathrm{p}} - X_{\mathrm{p}}} = \frac{3 - (-3)}{3.64} = 1.65$$

$$C_{\mathrm{pk}} = \min\left\{\frac{USL - X_{50\%}}{X_{99.875\%} - X_{50\%}}, \frac{X_{50\%} - LSL}{X_{50\%} - X_{0.135\%}}\right\} = 1.37$$

$$P_{\mathrm{v}} = P_{\mathrm{U}} - P_{\mathrm{L}} = 99.99\%$$

$$T_{\mathrm{u}} = X_{99.865\%} = 1.90\mathrm{mm}$$

$$T_l = X_{0.135\%} = -1.74\mathrm{mm}$$

其区间为 [−1.74，1.90]，具体如图 4-26 所示。

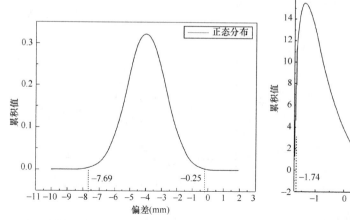

图 4-25 外挂墙板高度尺寸实测公差阈值　　图 4-26 外挂墙板厚度尺寸实测公差阈值

6. 墙板预埋件及预留孔洞位置公差阈值分析

（1）预埋线盒位置信息

$$X_{0.135\%}{}' = -10.38$$

$$X_{99.865\%}{}' = 7.78$$

$$X_{50\%}{}' = -0.23$$

$$C_p = \frac{USL - LSL}{X_{1-p} - X_p} = \frac{10}{18.2} = 0.55$$

$$C_{pk} = \min\left\{\frac{USL - X_{50\%}}{X_{99.875\%} - X_{50\%}}, \frac{X_{50\%} - LSL}{X_{50\%} - X_{0.135\%}}\right\} = 0.41$$

$$P_v = P_U - P_L = 54.95\%$$

$$T_u = X_{99.865\%} = 7.78\text{mm}$$

$$T_l = X_{0.135\%} = -10.38\text{mm}$$

其区间为 $[-10.38, 7.78]$，具体如图 4-27 所示。

（2）预留孔洞位置信息

$$X_{0.135\%}{}' = -9.17$$

$$X_{99.865\%}{}' = 13.47$$

$$X_{50\%}{}' = 1.57$$

$$C_p = \frac{USL - LSL}{X_{1-p} - X_p} = \frac{10}{22.6} = 0.44$$

$$C_{pk} = \min\left\{\frac{USL - X_{50\%}}{X_{99.875\%} - X_{50\%}}, \frac{X_{50\%} - LSL}{X_{50\%} - X_{0.135\%}}\right\} = 0.25$$

$$P_v = P_U - P_L = 44.06\%$$

$$T_u = X_{99.865\%} = 13.48\text{mm}$$

$$T_l = X_{0.135\%} = -9.18\text{mm}$$

其区间为 $[-9.18, 13.48]$，具体如图 4-28 所示。

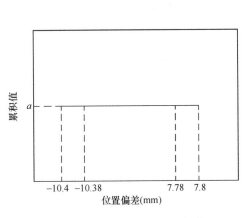

图 4-27　预埋线盒实测公差阈值

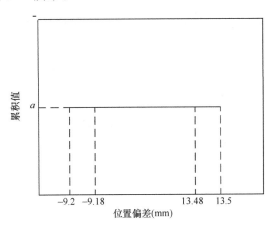

图 4-28　预留孔洞实测公差阈值

将以上各类 PC 构件公差数据分析结果进行汇总，详见表 4-5。

PC 构件公差阈值分析结果（单位：mm）　表 4-5

体系	构件	项目	允许公差	C_p	C_{pk}	P_v（%）	实测偏差限值
框架结构体系	预制梁	长	±5	1.70	−1.01	0.99	(5.04, 10.92)
		宽	±5	2.14	1.33	99.33	(0.01, 4.69)
		高	±5	4.17	2.79	100	(0.45, 2.85)
	预制柱	高	±5	3.4	−2.71	0	(−10.45, −7.51)
		边长	±5	5.21	3.76	100	(0.43, 2.35)
	叠合板	长	±5	4.07	1.64	100	(1.75, 4.21)
		宽	±5	5.21	2.07	100	(2.00, 3.92)
		厚	±5	1.29	0.808	99.55	(−1.44, 6.29)
剪力墙结构体系	叠合板	长	±5	3.68	2	100	(0.86, 3.62)
		宽	±5	3.88	2.26	100	(0.8, 3.38)
		厚	±5	2.34	1.58	99.01	(−1.33, 2.94)
	预制内隔墙	长（<2m）	±4	0.97	0.68	95.76	(−5.23, 2.89)
		长（2-3m）	±4	0.81	0.62	93.81	(−5.87, 4.03)
		高	±4	1.15	0	0	(−7.45, −0.55)
		厚	±3	2.44	2.22	100	(−1.87, 0.59)
	外挂墙板	长（<3m）	±4	1.12	−0.57	0	(−9.47, −2.33)
		长（3~4m）	±4	0.89	−0.96	0	(−12.83, 3.83)
		高	±4	0.99	0.01	1.93	(−7.69, −0.25)
		厚	±3	1.65	1.37	99.99	(−1.74, 1.90)
	预埋线盒	位置偏差	5	0.55	0.41	54.95	(−10.38, 7.78)
	预留孔洞	位置偏差	5	0.44	0.25	44.06	(−9.18, 13.48)

4.4 实测构件尺寸偏差与现行规范规定阈值比对

4.4.1 实测混凝土构件尺寸偏差分析

通过上述研究可知实测 PC 构件的偏差上下限与国家规范规定公差阈值存在差异。为了更好地了解实际混凝土构件尺寸偏差特征，按构件类型开展了相应的尺寸偏差箱型图分析，见图 4-29。

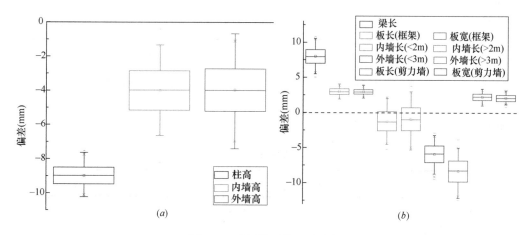

图 4-29 实测偏差箱型图分析
(a) 竖向连接尺寸；(b) 横向连接尺寸

箱型图表明 PC 构件的竖向连接尺寸完全偏向于负偏差，预制内隔墙高度与外挂墙高度尺寸偏差约为−4mm，预制柱高尺寸偏差约为−8mm。部分构件尺寸负偏差倾向明显且偏差值超过了规范允许公差，这可能是生产时考虑了现场施工方便而预留较多的调整余地。横向连接尺寸中叠合板长度和宽度尺寸、预制柱长度尺寸考虑到安装搭接需求而偏向于正偏差，相应的内墙和外挂墙长度尺寸考虑到安装需紧密相连而偏向于负偏差。这是装配式工厂在生产时考虑到现场梁、板搭接成功及施工安装所作出调整。例如，预制梁需要满足一定的搭接长度而需要设计目标值偏向于正偏差；由于同一轴线上墙板安装成功的需要，防止与现浇部分接壤的墙板难以安装下放，故墙板长度尺寸均偏向于负偏差。

结合表 4-5 中各类 PC 构件尺寸偏差和国标规范公差作为设计目标公差（USL，LSL），根据计算得到的工序能力指数 C_p 和合格率指标 P_v 存在三类情况：第一类是构件尺寸偏差的工序能力指数 C_p 与合格率指标 P_v 一致表现良好，主要以梁高、宽度尺寸这类对装配需求较小的尺寸特性为代表。第二类为工序能力指数 C_p 与合格率指标 P_v 表现不一致，尤以工序能力指数表现良好而合格率指标表现较差情况比较有代表性，主要是预制柱高度、预制梁长度尺。第三类为工序能力指数 C_p 与合格率指标 P_v 一致表现较差，典型代表为预埋线盒（开关、插座、强弱电箱等）和预留孔洞等位置偏差；这是由于生产阶段预埋、预留的定位不准或浇筑混凝土引起的。

4.4.2　基于工序能力指数的混凝土构件尺寸偏差分析

根据上述对实测 PC 构件尺寸偏差分类，将三类构件实测尺寸偏差与规范规定阈值进行对比分析，以便给出合理的公差取值范围。

1. 第一类构件尺寸偏差

第一类构件尺寸偏差工序能力指数 C_p 与合格率指标 P_v 一致表现良好，具体构件尺寸偏差及其相关评价指标见表 4-6。

表 4-6

第一类构件允许公差建议值（单位：mm）

体系	构件	项目	C_p	允许公差	实测偏差	建议公差	P_v
框架结构体系	预制梁	宽	2.14	±5	(0.01, 4.69)	±5	99.93%
		高	4.17	±5	(0.45, 2.85)	±5	100%
	预制柱	边长	5.21	±5	(0.43, 2.35)	±5	100%
	叠合板	长	4.07	±5	(1.75, 4.21)	±5	100%
		宽	5.21	±5	(2.00, 3.92)	±5	100%
		厚	1.29	±5	(−1.44, 6.29)	±5	100%
剪力墙结构体系	内隔墙	厚	2.44	±3	(−1.87, 0.59)	±3	100%
	外挂墙	厚	1.65	±3	(−1.74, 1.90)	±3	99.99%
	叠合板	长	3.62	±5	(0.86, 3.62)	±5	100%
		宽	3.88	±5	(0.80, 3.38)	±5	100%
		厚	2.34	±5	(−1.33, 2.94)	±5	99.01%

可知第一类构件尺寸偏差 C_p 均大于 4.4.1 节设定的合格率指标和工序能力指数指标目标下限值。工序能力指数 C_p 均在 1.29 以上，构件尺寸生产工序能力稳定，合格率高于 99%。这表明分布均值与设目标设计值公差中心的偏移量较小，综合评价表明构件尺寸特性生产能力与现行规范允许公差完全匹配，故第一类构件的公差取值与国家规范允许公差相同。

2. 第二类构件尺寸偏差

为工序能力指数 C_p 与合格率指标 P_v 表现不一致，C_p 表现良好而 P_v 表现较差，具体构件尺寸偏差及其相关评价指标见表 4-7。

表 4-7

第二类构件允许公差建议值（单位：mm）

构件	项目	允许公差	C_p	P_v	实测偏差	建议公差	P_v'
预制梁	长	±5	1.70	0.99%	(5.04, 10.92)	0, 10	100%
预制柱	高	±5	3.40	0	(−10.45, −7.51)	−14, −4	100%
外挂墙	长<3m	±4	1.12	0	(−9.47, −2.33)	−10, −2	100%
	高	±4	1.08	1.9%	(−7.69, −0.25)	−12, 0	99.97%

可知第二类构件尺寸偏差合格率指标均表现较差，过程分布均值与目标设计值公差中心偏移量较大；然而，相应的工序能力指数指标下限值均大于 1。这表明生产能力正常，生产构件尺寸偏差是基于设计考虑的质量目标设计值公差中心偏移引起的。对该类构件尺

寸特性的公差建议思路如下：

工序能力指数良好，当前生产能力与规范规定公差大小一致。由式（4-12）可知 $T = C_p B$，即在不考虑过程均值与目标设计值公差中心偏移量的条件下，公差大小 T 不需要变动。基于实测结果并通过调整公差中心取值，可获得理想的公差取值范围。以预制梁的长度尺寸公差为例，相应的阈值建议值计算方法如下：

$$T = 5 - (-5) = 10\text{mm}$$

$$偏差中心 = (5.04 + 10.92)/2 = 7.98 \approx 8\text{mm}$$

为方便实际验收和测量方便，对公差中心进行取整处理。因此，预制梁长度尺寸偏差范围建议值为 [3，13] mm。同理，可得其他第二类构件尺寸特性公差阈值建议值，具体见表 4-7。

3. 第三类构件尺寸偏差

第三类构件尺寸类型为工序能力指数 C_p 与合格率指标 P_v 一致表现较差，具体构件尺寸偏差及其相关评价指标见表 4-8。

第三类构件允许公差建议值（单位：mm）　　　　　表 4-8

构件	项目	C_p	允许公差	P_v	实测偏差	建议公差	P'_v
内隔墙	长<2m	0.97	±4	95.76%	(−5.33，2.89)	−5，3	99.64%
	长 2~3m	0.81	±4	93.81%	(−5.87，4.03)	−5，3	94.77%
	高	0.87	±4	0	(−7.45，−0.55)	−8，0	100%
外挂墙	长 3~4m	0.89	±4	0	(−12.83，−3.83)	−12，4	96.71%
预埋线盒	位置信息	0.55	5	54.95%	(−10.38，7.78)	5	54.95%
预留孔洞	位置信息	0.44	5	44.06%	(−9.17，13.47)	5	44.06%

可知第三类构件尺寸特性可大致按构件尺寸偏差和预埋预留位置偏差细分为两类。第一类为内隔墙和外挂墙的尺寸偏差，另一类为预埋线盒及预留孔洞的位置偏差。第一类构件尺寸特性工序能力指数处于（0.81，0.97）范围，虽未能达到目标下限值，但与工序能力指数目标下限值 1 较为接近，即对于该类构件尺寸其工序能力与目标值较为接近，改进工艺工法的需要不那么迫切，且合格率指标未达到目标下限值但也均处于 95% 以上。因此，对该类的公差建议值同第二类构件尺寸特性计算方法，具体见表 4-7。若需提高该类产品合格率，可通过加强工艺工法实现。

第二类为构件位置偏差，可以看出其工序能力指数指标和合格率指标均较差，但实测偏差中心与现行规范规定公差中心接近。因此，该类问题是由于工序能力本身造成的。这与生成过程中位置定位采用传统量测工具（卷尺、钢尺）等有关，相关的生产工艺和保障措施也导致定位不准确。因此，对该类偏差建议是调整工艺和量测器具来确保，相应的偏差取值仍采纳现行规范规定值。

4.5　小结

通过引入工序能力指数和合格率指标，结合 PC 构件尺寸偏差概率分布模型，开展了典型 PC 构件生产能力分析。提出了正态分布数据和非正态分布数据的工序能力指数与合格率指标计算方法，开展了实测 PC 构件偏差阈值与规范允许公差对比分析。同时，还探讨了实测 PC 构件偏差与规范允许公差，给出了构件尺寸公差阈值建议值。主要的结论如下：

（1）实测 PC 构件尺寸工序能力指数 C_p 整体表现较好，多数 PC 构件尺寸 C_p 范围为 $[1.15，5.21]$。合格率指标表现参差不齐，且与工序能力指标表现并不完全一致。

（2）基于工序能力指数评级，确定了工序能力指数和合格率指标目标下限值（$C_p = 1$，$P_v = 99.73\%$）。分析了实测 PC 构件尺寸偏差中心与现行规范规定允许的公差中心不一致原因及其采取措施。

（3）按照 C_p 与 P_v 指标将 PC 构件尺寸分为三类，并提出了相应的尺寸纠偏措施。第一类构件为 C_p 与 P_v 表现一致较好，建议公差与现行规范允许公差一致；第二类构件为 C_p 与 P_v 表现不一致，建议基于装配需要开展均值中心偏移校准；第三类构件为 C_p 与 P_v 表现一致较差 $C_p < 1$，$P_v < 99.73\%$，提出改进工艺工法和量测定位器具等方式提升生成水平。

本章参考文献

[1] Chang Y S, Choi I S, Bai D S. Process capability indices for skewed populations[J]. Quality & Reliability Engineering，2002，18(5)：383-393.

[2] Clements J A. Process capability calculations for non-normal distributions[J]. Quality Progress，1989，22：95-100.

[3] 预制混凝土构件质量检验评定标准 GBJ 321—90[S]. 北京：中国建材工业出版社，1991.

[4] 吴聪. 统计过程控制方法及应用研究[D]. 山东大学，2012.

[5] 赵妙霞，贾九红，郑玉巧. 工序控制方法中工序能力的分析[J]. 甘肃工业大学学报，2003(04)：49-51.

第五章　装配式建筑混凝土构件生产
工序的公差分配与控制

装配式建筑混凝土产品或构件在生产过程中不可避免的会产生偏差，所规定产品公差阈值是以成品公差为控制标准。单一工序上的公差控制可行，但对于生产环节（或工序）较多装配式建筑混凝土（PC）构件，如何在保证整个生产环节总公差满足要求条件下的各生产环节公差分配合理是当前研究的难点。本章通过研究 PC 构件主要生产工序公差分布特征，提出了 PC 构件各生产工序公差的分配原则，开展了 PC 构件生产各关键工序的公差控制阈值研究。

5.1　装配式建筑 PC 构件的关键生产工序偏差分布

5.1.1　装配式建筑 PC 构件关键生产工序公差抽样

装配式建筑 PC 构件是在标准化工厂生产线上开展加工制作，生产施工工序较多，关键生产工序主要包括支模、钢筋及预埋件定位与布设、混凝土浇捣与脱模、养护及存放等。以单一 PC 构件的生产为例，开展了相应的各工序中构件尺寸测试，具体见图 5-1。

图 5-1　PC 构件生产线各阶段实况

（a）模板支护；（b）浇筑阶段；（c）人工抹平；（d）准备温养；（e）完成温养；（f）堆场养护

针对 PC 构件关键生产工序中尺寸偏差情况，开展了模板安装、混凝土浇捣、蒸汽养护、堆积与储存等工序 PC 构件尺寸量测，测试过程见图 5-2。

图 5-2　关键生产工序尺寸偏差测量
（a）模板安装；（b）混凝土浇捣；（c）蒸汽养护；（d）堆积与储存

5.1.2　装配式建筑 PC 构件关键生产工序偏差量测流程

装配式建筑 PC 构件关键生产工序主要包括模板工程、预埋件及水电管线等工程，钢筋工程、混凝土工程以及养护与堆放，常规的 PC 构件制作流程见图 5-3。

由图 5-3 可知，PC 构件关键生产工序主要涉及如下内容：

（1）模板工程

模板工程是预制构件生产与制作过程中非常重要的环节之一，主要是满足混凝土浇筑、振捣和吊装等施工过程强度、刚度和稳定性要求。模具主要组成部分有底模、侧模、端模、支撑装置以及固定装置。模具一般由专门的构件生产工厂设计，PC 构件模板工程主要管理内容为：

1）按照构件类型、功能等要求确定模具材质。装配式建筑 PC 构件生产线上一般选用钢材作为模具材质，也可根据需求选用不锈钢、铝、木材和玻璃钢等。

2）确定模具设计尺寸、预埋件及水电管线位置。

3）开展钢筋出筋、管线及管道预留出口规划设计。

4）进行模具稳定性验算，确保立模浇筑混凝土过程中模具稳定可靠。

模具制作完成后，将各部件运至装配式工厂进行组装。模具的装配质量决定了预制构

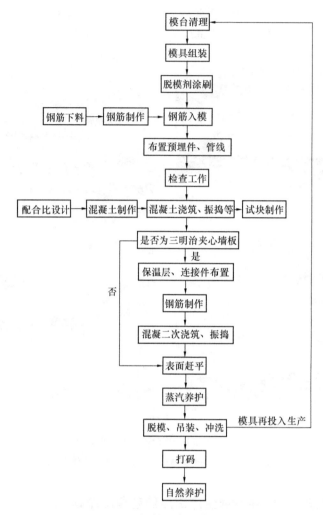

图 5-3　PC 构件生产制作流程图

件三维尺寸和预埋件位置的精度，所以本章待模具组装完成并经调试后，测量了模具的三维尺寸。

（2）预埋件与水电管线等工程

PC 构件中预设的钢板或锚固筋以及用来连接结构或非结构构件的部件称为预埋件。为穿管、预留洞口等设备服务（如强弱电、给水等）预留设的通道称为预埋管，主要包括钢管、铸铁管和 PVC 管等。

预埋件与水电管线施工是装配式建筑 PC 构件生产线质量控制中重要环节之一，在预埋件与水电管线在固定安装前，应先进行测量和安装工作。考虑到施工现场实际情况和工程需求，本章节主要针对线盒、模板孔、定位锥、吊装螺栓的位置进行了测量。

（3）钢筋工程

装配式预制构件生产线上，多通过绑扎或焊接的形式将单根钢筋组合成钢筋网架。所涉及的钢筋工程主要包括混凝土构件内埋设钢筋和外伸钢筋。钢筋网架通常采用现有技术确保布设质量，而外伸钢筋质量控制主要包括位置和尺寸两个方面。因此，本章主要测量了 PC 构件外伸钢筋的长度尺寸。

（4）混凝土工程

混凝土工程主要涉及浇筑、入模、振捣和脱模等工序，本章测量了预制构件在混凝土施工各环节的外形尺寸。

（5）养护与堆放

预制构件经蒸养后，均需在堆放场储存或继续养护。本章测量了在养护与堆放过程中的 PC 构件尺寸。

5.1.3 装配式建筑 PC 构件关键生产工序偏差分布特征

常选取装配式建筑 PC 构件生产过程中的模板安装、混凝土浇捣、蒸汽养护、堆积与储存四个控制工序作为预制混凝土质量控制环节。本节选用预制内墙板构件外形尺寸为对象，开展了相应控制工序的尺寸偏差分析。同时，还对装配式 PC 构件生产关键工序中钢筋定位、预埋件和水电管线位置等进行了尺寸公差数据测试。

1. 模板安装阶段构件尺寸偏差分布

以实测内墙板尺寸（长度小于 2m）为对象，开展了装配式建筑 PC 构件施工工序全过程公差分析。绘制了内墙板模板安装阶段尺寸偏差直方图和 $P\text{-}P$ 图，见图 5-4 和图 5-5。

内墙板模板安装阶段尺寸直方图和 $P\text{-}P$ 图表明尺寸偏差分布具有良好的正态分布特征，相应的尺寸偏差分布符合正态分布。与内墙板高度的尺寸偏差分布相比，内墙板长度

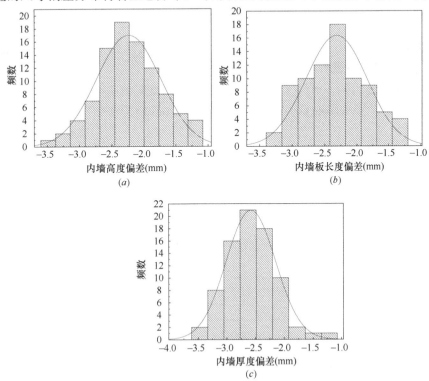

图 5-4　内墙板模板在安装阶段尺寸偏差直方图

（a）高度；（b）长度；（c）厚度

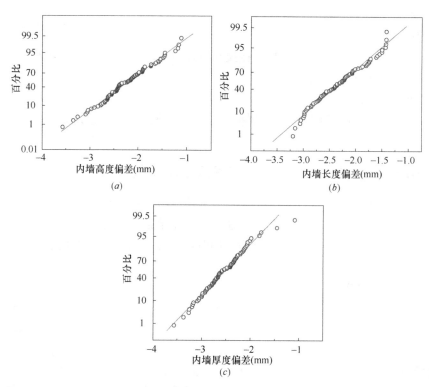

图 5-5　内墙板模板在安装阶段尺寸偏差 P-P 图

(a) 高度；(b) 长度；(c) 厚度

和厚度尺寸偏差表现出更显著。正态分布理论分位数和实际分布分位数之间近似成一条 45°直线分布。图 5-4 还表明在模板安装阶段内墙板高度、长度、厚度尺寸偏差波动均在 3 mm 范围内。分析还可知外形尺寸在设计阶段有意识的使其偏向于负偏差以便满足施工安装阶段要求。采用 Anderson-Darling 检验法和 Lilliefors 检验法分别对预制内墙板在模板安装阶段实测高度、长度、厚度尺寸进行正态性检验，结果表明内墙板在模板安装阶段各尺寸偏差均服从正态分布，见表 5-1。

内墙板尺寸偏差正态性检验结果　　　　　　　　　　　　　　　表 5-1

类型	类别	Lilliefors 检验	Anderson-Darling 检验	正态性检验结果
内墙板在模板安装阶段	高度	$H=0$	$P=0.455$	正态分布
	长度	$H=0$	$P=0.105$	正态分布
	厚度	$H=1$	$P=0.725$	正态分布

2. 预埋件与水电管线等位置偏差分布

为研究预埋件与水电管线等位置公差控制水平和公差分布特征，开展了不同类型的预埋件位置测量。绘制出相应的偏差分布图、P-P 图和均值-极差控制图，具体见图 5-6~图 5-8。不同类型的预埋件等位置偏差分析指标结果见表 5-2。

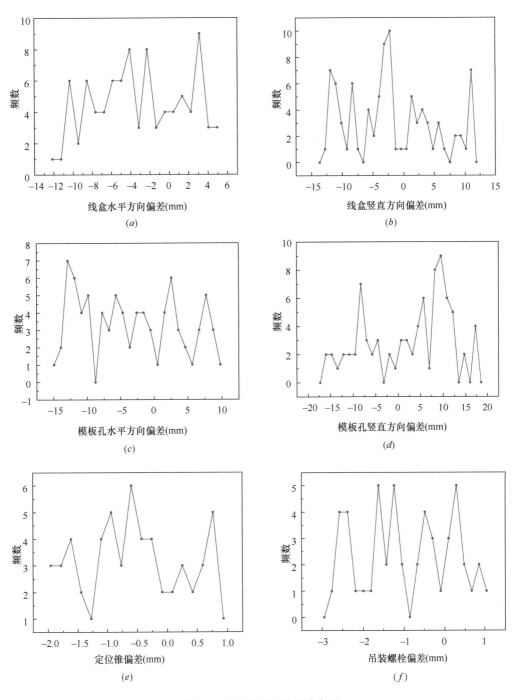

图 5-6 预埋件位置偏差分布图

(a) 线盒水平方向；(b) 线盒竖直方向；(c) 模板孔水平方向；

(d) 模板孔竖直方向；(e) 定位锥；(f) 吊装螺栓

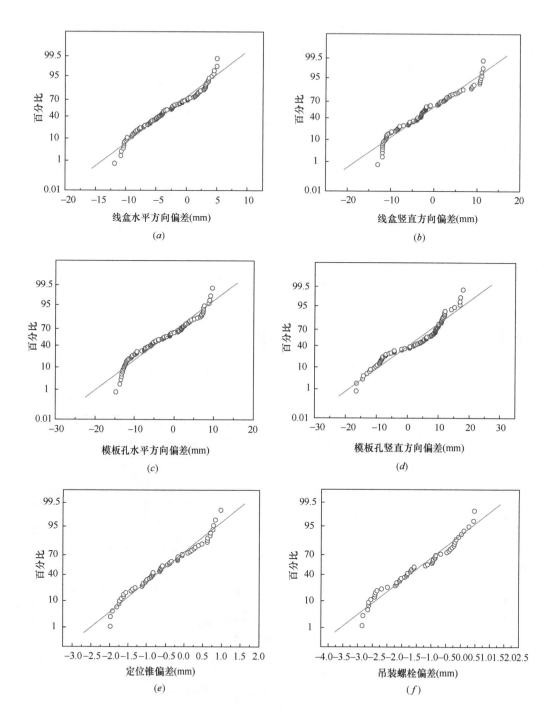

图 5-7 预埋件位置偏差 P-P 图

（a）线盒水平方向；（b）线盒竖直方向；（c）模板孔水平方向；

（d）模板孔竖直方向；（e）定位锥；（f）吊装螺栓

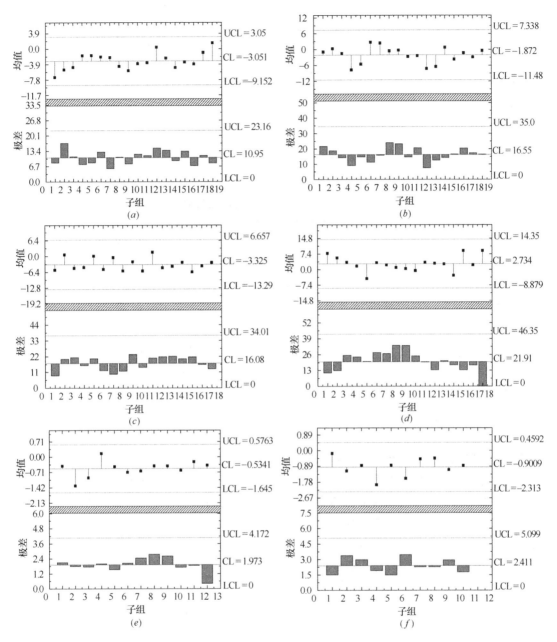

图 5-8　预埋件位置偏差均值-极差控制图

（a）线盒水平方向；（b）线盒竖直方向；（c）模板孔水平方向；

（d）模板孔竖直方向；（e）定位锥；（f）吊装螺栓

预埋件等位置偏差分析（单位：mm）　　　　　　　　　　　　　表 5-2

	均值	标准差	正态性检验结果	控制图状态	极差控制图中值	极差控制图上限值
线盒水平方向	−3.018	4.650	非正态	稳定	10.95	23.16
线盒竖直方向	−1.837	6.992	非正态	稳定	16.55	35.00

	均值	标准差	正态性检验结果	控制图状态	极差控制图中值	极差控制图上限值
模板孔水平方向	−3.283	7.140	非正态	稳定	16.08	34.01
模板孔竖直方向	2.713	9.223	非正态	稳定	21.91	46.35
定位锥位置	−0.542	0.846	非正态	稳定	1.973	4.172
吊装螺栓位置	−0.902	1.131	正态	稳定	2.411	5.099

上述结果表明，线盒水平和竖直方向位置偏差分布均为偏态型；模板孔水平方向位置偏差分布为锯齿形，竖直方向位置偏差分布为孤岛型；定位锥位置偏差分布为偏态型，吊装螺栓位置偏差分布为平顶型。线盒和模板孔的位置偏差分布范围较大，定位锥和吊装螺栓的位置偏差分布范围相对较小。这表明对应线盒和定位椎和吊环等位置尺寸偏差随机性强。不同类型的预埋件等位置偏差控制 P-P 图表明，不同类型预埋件正态分布理论分位数和随机变量实际分布分位数均未完全分布在 45°直线上。同时，采用 Anderson-Darling 检验和 Lilliefors 检验对以上预埋件偏差数据进行正态性检验发现，线盒、模板孔和定位锥实际位置偏差数据均不服从正态分布。因此，不能确定这三类预埋件的位置质量控制是否处于稳定状态。不同类型预埋件位置相应偏差数据的均值—极差分析（图 5-8）表明，模板孔、线盒位置数据偏离和离散性较大。预埋件生产均处于稳定受控状态，相对而言，吊装螺栓和定位锥的位置数据偏离和离散性较小。

3. 钢筋定位与尺寸偏差分布

与此同时，开展了不同类型钢筋伸出长度尺寸偏差控制分析。图 5-9～图 5-11 分别为钢筋水平伸出长度偏差分布图、偏差 P-P 图和均值—极差控制图。

基于上述钢筋伸出长度偏差可知，直筋水平长度和弯锚筋偏差分布均为孤岛型，其他钢筋水平长度偏差分布为锯齿形。初步判断这三类钢筋的水平偏差数据不服从正态分布，其具体分布中心和偏离控制指标详见表 5-3。针对不同类型的钢筋，其正态分布理论分位数和实际分布分位数均未完全分布在 45°直线上。采用 Anderson-Darling 检验和 Lilliefors 检验对以上钢筋偏差数据进行正态性检验，结果表明，以上三种钢筋偏差正态性检验均为非正态分布。基于相应的偏差数据均值—极差控制图，得到了不同类型钢筋伸出长度偏差分析指标结果见表 5-3。可知钢筋实际水平长度数据偏离和离散性较大、质量波动大。钢筋伸出长度产生偏差可能原因主要有：（1）钢筋加工制作时，下料长度与清单偏差较大；（2）违规或不当操作导致钢筋布设控制偏差；（3）未按照设计要求搭接钢筋和绑扎作业不严；（4）混凝土浇捣等引起钢筋位置偏移。

钢筋伸出长度偏差分析（单位：mm） 表 5-3

	均值	标准差	正态性检验结果	控制图状态	极差控制图中值	极差控制图上限值
直筋水平长度	−5.075	15.208	非正态	稳定	34.37	72.70
弯锚筋水平长度	−2.225	12.864	非正态	稳定	29.45	62.28
其他钢筋水平长度	9.151	20.543	非正态	稳定	47.75	101.00

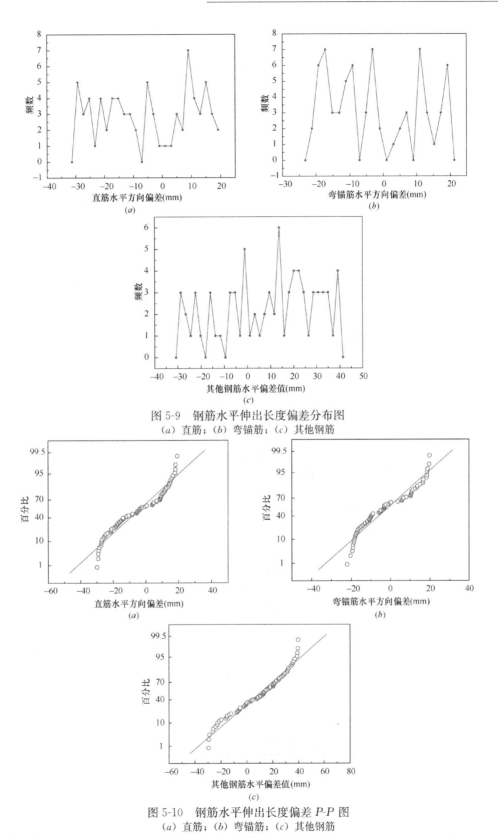

图 5-9　钢筋水平伸出长度偏差分布图

（a）直筋；（b）弯锚筋；（c）其他钢筋

图 5-10　钢筋水平伸出长度偏差 P-P 图

（a）直筋；（b）弯锚筋；（c）其他钢筋

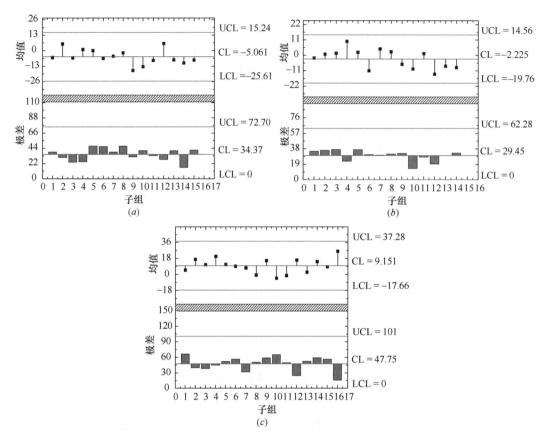

图 5-11　钢筋水平伸出长度偏差均值—极差控制图
(a) 直筋；(b) 弯锚筋；(c) 其他钢筋

4. 混凝土浇捣阶段构件尺寸偏差分布

混凝土浇捣阶段尺内墙板寸偏差直方图和 P-P 图，见图 5-12 和图 5-13。混凝土浇捣阶段内墙板高度和长度尺寸偏差直方图均为正态分布，而厚度尺寸偏差分布呈锯齿形。内墙板高度、长度和厚度尺寸偏差波动均在 8 mm 范围内。在混凝土浇筑阶段外形尺寸存在较大的偏离和离散性，有必要通过改进工艺水平和过程控制，提升该阶段尺寸质量控制水平。

内墙板高度、长度和厚度尺寸偏差数据正态分布理论分位数和实际分布分位数均近似成一条直线。采用 Anderson-Darling 检验法和 Lilliefors 检验法，对混凝土浇捣阶段内墙板高度、长度和厚度实测尺寸进行正态性检验，见表 5-4。可知内墙板在混凝土浇筑阶段高度和长度的尺寸偏差数据均服从正态分布。然而，对于厚度的尺寸偏差分布，因其 Lilliefors 检验的结果为 $H=1$ 以及 Anderson-Darling 检验的结果为 $P<0.05$，可知厚度的尺寸偏差不服从正态分布。

内墙板尺寸偏差正态性检验结果　　　　　　　　　　　　表 5-4

类型	类别	Lilliefors 检验	Anderson-Darling 检验	正态性检验结果
内墙板在混凝土浇筑阶段	高度	$H=0$	$P=0.104$	正态分布
	长度	$H=0$	$P=0.328$	正态分布
	厚度	$H=1$	$P=0.032$	非正态分布

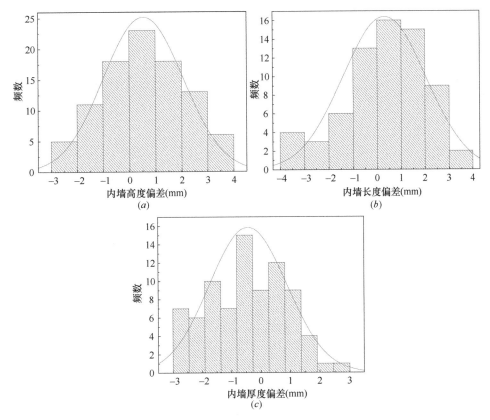

图 5-12 内墙板在混凝土浇捣阶段尺寸偏差直方图
(a) 高度；(b) 长度；(c) 厚度

为了更好地探讨混凝土浇筑阶段内墙板厚度尺寸偏差分布，对其进行了正态分布、Weibull 分布、Laplace 分布和 Lorentz 分布曲线拟合，见图 5-14。相应的拟合系数详细结果见表 5-5。可知 Weibull 分布函数与原样本数据拟合效果最好。

函数拟合系数 表 5-5

函数类型	正态分布	Weibull 分布	Laplace 分布	Lorentz 分布
R^2	0.576	0.802	0.639	0.735
残差平方和	0.167	0.04	0.120	0.08

5. 蒸汽养护阶段尺寸偏差分布

绘制了蒸汽养护阶段内墙板外形尺寸偏差直方图和 P-P 图，见图 5-15 和图 5-16。

可知蒸汽养护阶段内墙板高度和长度尺寸偏差直方图分布均为正态型，而厚度尺寸偏差为孤岛型。内墙板尺寸偏差波动均在 8mm 范围内，且高度尺寸偏差变化范围最广，表明在蒸汽养护阶段内墙板外形尺寸偏离和离散性大。内墙板高度、长度和厚度 P-P 图表明，尺寸偏差数据正态分布理论分位数和实际分布分位数之间均近似成一条直线。同时，采用 Anderson-Darling 检验法和 Lilliefors 检验法对蒸汽养护阶段预制内墙板实测尺寸偏差进行正态性检验，结果见表 5-6。可知蒸汽养护阶段内墙板高度和长度尺寸偏差数据均服从正态分布，而厚度尺寸偏差不服从正态分布。

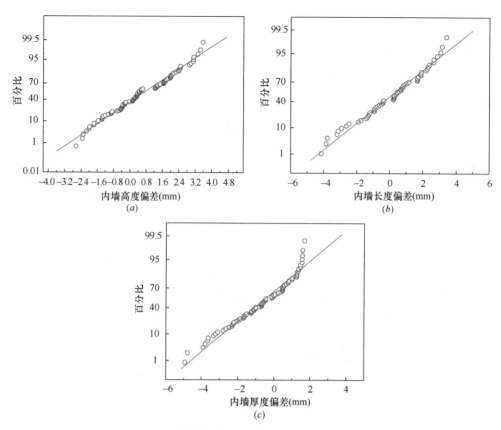

图 5-13　内墙板在混凝土浇捣阶段尺寸偏差 P-P 图

（a）高度；（b）长度；（c）厚度

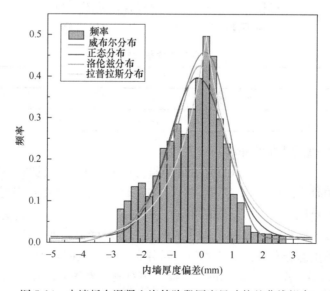

图 5-14　内墙板在混凝土浇筑阶段厚度尺寸偏差曲线拟合

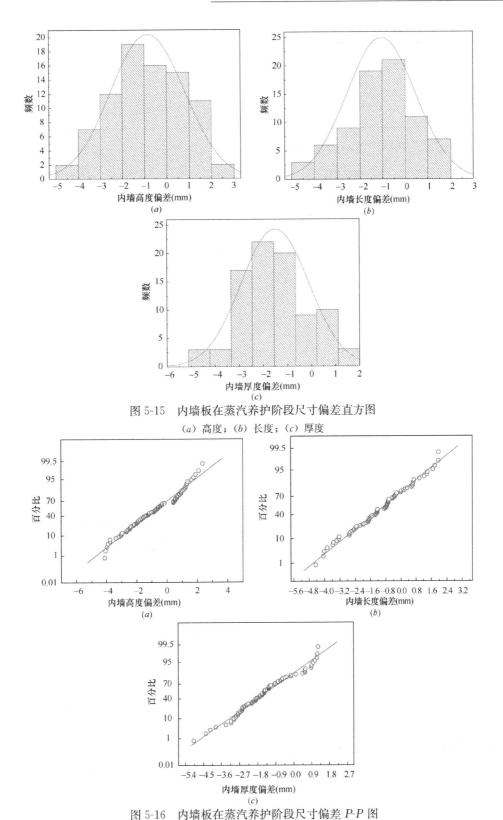

图 5-15 内墙板在蒸汽养护阶段尺寸偏差直方图

（a）高度；（b）长度；（c）厚度

图 5-16 内墙板在蒸汽养护阶段尺寸偏差 P-P 图

（a）高度；（b）长度；（c）厚度

内墙板尺寸偏差正态性检验结果　　　　　　　　表 5-6

类型	类别	Lilliefors 检验	Anderson-Darling 检验	正态性检验结果
内墙板在蒸汽养护阶段	高度	$H=0$	$P=0.429$	正态分布
	长度	$H=0$	$P=0.843$	正态分布
	厚度	$H=1$	$P=0.024$	非正态分布

同理，对蒸汽养护阶段内墙板厚度尺寸偏差分别进行正态分布、Weibull 分布、Laplace 分布和 Lorentz 分布曲线拟合，见图 5-17。相应的拟合系数结果见表 5-7。可以看出采用 Weibull 函数用于蒸汽养护阶段内墙板厚度尺寸偏差拟合，且拟合曲线效果较佳。

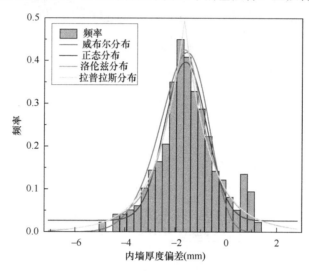

图 5-17　内墙板在蒸汽养护阶段厚度偏差曲线拟合

函数拟合系数　　　　　　　　　　表 5-7

函数类型	正态分布	Weibull 分布	Laplace 分布	Lorentz 分布
R^2	0.522	0.785	0.464	0.685
残差平方和	0.103	0.03	0.122	0.09

6. 堆放与储存阶段构件尺寸偏差分布

对堆放与储存阶段内墙板（长度小于 2m）尺寸进行了偏差分布的直方图和 P-P 图分析，见图 5-18 和图 5-19。

可知堆积与储存阶段内墙板高度和长度尺寸偏差分布直方图均为正态型，而厚度尺寸偏差分布为锯齿形。堆积与储存阶段内墙板尺寸偏差波动均在 10 mm 范围内，且高度的尺寸偏差变化范围最广。这说明在堆积与储存阶段内墙板外形尺寸偏离和离散性大。堆积与储存阶段内墙板尺寸偏差的 P-P 图表明数据正态分布理论分位数和实际分布分位数均近似成一条直线。采用 Anderson-Darling 检验法和 Lilliefors 检验法对堆积与储存阶段内墙板实测尺寸分别进行正态性检验，结果见表 5-8。可知在堆积与储存阶段内墙板高度和长度尺寸偏差数据均服从正态分布，而厚度尺寸偏差分布不服从正态分布。

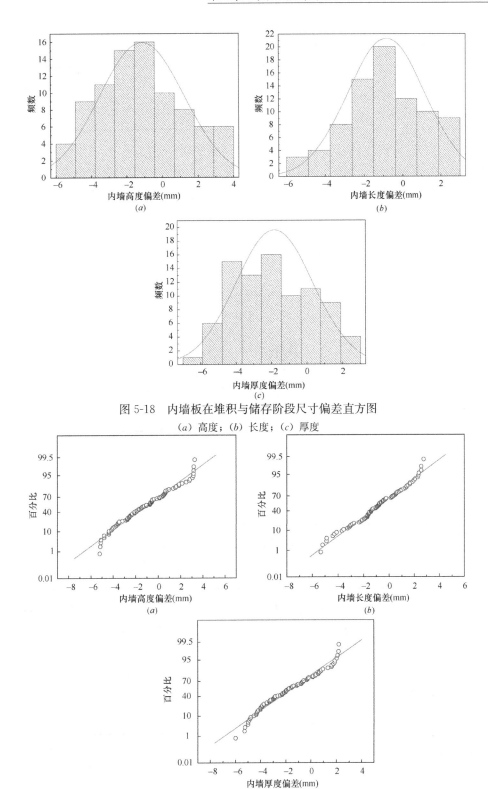

图 5-18　内墙板在堆积与储存阶段尺寸偏差直方图

（a）高度；（b）长度；（c）厚度

图 5-19　内墙板在堆放与储存阶段尺寸偏差 P-P 图

（a）高度；（b）长度；（c）厚度

内墙板尺寸偏差正态性检验结果　　表 5-8

类型	类别	Lilliefors 检验	Anderson-Darling 检验	正态性检验结果
内墙板堆积与储存阶段	高度	$H=0$	$P=0.186$	正态分布
	长度	$H=0$	$P=0.346$	正态分布
	厚度	$H=1$	$P=0.014$	非正态分布

与此同时，对堆积与储存阶段内墙板厚度尺寸偏差分别进行正态分布、Weibull 分布、Laplace 分布和 Lorentz 分布曲线拟合，见图 5-20。相应的拟合系数见表 5-9。通过分析可知，堆积与储存阶段内墙板厚度尺寸偏差大致符合 Weibull 分布。

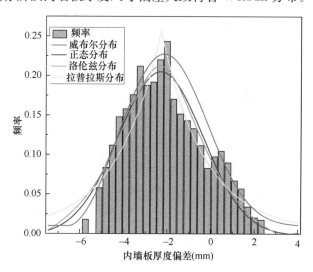

图 5-20　内墙板在堆积与储存阶段厚度偏差曲线拟合

函数拟合系数　　表 5-9

函数类型	正态分布	Weibull 分布	Laplace 分布	Lorentz 分布
R^2	0.565	0.752	0.432	0.473
残差平方和	0.09	0.05	0.136	0.124

通过上述预制内墙板构件在模板安装、混凝土浇捣、蒸汽养护、堆积和储存等阶段的尺寸偏差分析可知，尺寸偏差具有显著的累积和传递性。若不采取合理的控制和纠偏措施，构件尺寸偏差将随工序延续而累积增大。因此，在装配式建筑 PC 构件生产各阶段需密切关注尺寸偏差变化，并及时调控以确保后续工序满足质量要求。同时，还对堆积与储存阶段典型 PC 构件尺寸范围偏差分布开展分析，见表 5-10。

构件堆积与储存阶段偏差分布（单位：mm）　　表 5-10

构件类型	类别	分布类型	公差	规范允许公差	均值	标准差
内墙板	高度（2~4m）	正态分布	8.365	8	-2.454	1.468
	长度（2~4m）	正态分布	8.132	8	-1.134	1.342
	厚度（2~4m）	Weibull 分布	8.573	6	-1.669	2.320

构件类型	类别	分布类型	公差	规范允许公差	均值	标准差
楼板	长度（<2m）	正态分布	3.762	10	1.372	0.722
	长度（2~4m）	正态分布	3.931	10	1.632	0.843
	宽度	正态分布	3.413	10	1.495	0.538
	厚度	Weibull 分布	4.052	10	1.498	0.964
梁	长度（<4 m）	正态分布	10.132	10	3.063	1.737
	长度（>4 m）	正态分布	10.432	10	3.225	1.924
	宽度	正态分布	5.815	10	−1.685	1.384
	高度	Weibull 分布	6.045	10	−1.193	1.226
柱	长度	正态分布	10.124	10	−3.943	1.967
	柱边	正态分布	5.053	10	1.056	1.273
外墙板	高度	正态分布	9.763	8	−3.932	1.542
	长度（<3m）	正态分布	8.274	8	−1.968	1.231
	长度（3~5m）	正态分布	8.573	8	−2.648	1.326
	厚度	Weibull 分布	8.342	6	−1.846	2.423

5.2 装配式建筑 PC 构件生产工序公差分配

5.2.1 传统的公差分配方法

在制作业领域，有关各工序的公差分配研究比较成熟。传统的公差分配方法主要有以下几种：

（1）均公差法

工序公差链中，对总公差产生影响的环称为组成环。等公差法是指对装配式建筑 PC 构件进行工序公差分配时，对各组成工序设定相等公差值，见式（5-1）。在等公差的基础上，又提出了平均统计公差的概念，见式（5-2）。

$$T_i = \frac{T_总}{\sum_{i=1}^{n} |\eta_i|} \tag{5-1}$$

$$T_i = \frac{T_总}{\sum_{i=1}^{n} |m_i^2 \eta_i^2|} \tag{5-2}$$

式中：n 为工序数，T_i 为第 i 道工序公差，m_i 为第 i 道工序所服从的随机分布的相对分布系数；η_i 为第 i 道工序公差的传递系数；$T_总$ 为总公差。

等公差法的优点是计算方法简单，而且最终分配结果满足完全互换性要求。平均统计公差分配法的优点是充分考虑了装配式建筑 PC 构件生产施工工序公差服从统计学随机变量的分布规律，缺点是将总公差同等分配；该方法要求装配式建筑 PC 构件生产施工各工序制造工艺相似。因此，采用该方法确定装配式建筑 PC 构件生产制作公差链上的工序公差是不合理的，仅适用于单件小批量生产。

（2）等精度法

等精度法假定各组成环取相同的公差等级，通过查询标准中规定的各组成环的公差因子来完成公差分配，见式（5-3）。等精度法取相同精度等级，保证了公差精度的一致性，该分配方法适用于大型设备的零件制造，不适合装配式建筑 PC 构件生产制作的工序公差分配。

$$T_i = ai \qquad (5-3)$$

式中：i 为标准公差因子，a 为公差等级系数。

（3）综合因子法

根据施工经验人为地设定各组成环的系数，再将该系数代入极值法和统计法公式计算得到各工序公差，见式（5-4）。

$$T_i = \xi_i \frac{T_{总}}{\sum\limits_{i=1}^{n} \xi_i} \qquad (5-4)$$

式中：ξ_i 为第 i 个组成环的综合因子，$T_{总}$ 为总公差。

组成环的综合因子是综合考虑各组成环的施工难度和生产成本给出的一个系数，通常由施工人员根据经验确定。该法具有较强主观性，不适合装配式建筑 PC 构件工业化大批量生产。

5.2.2 等保证率工序公差分配法

正态分布的对称区间面积相等，见图 5-21。图中的面积 S_1 表示随机变量落入 $(-\infty, -x)$ 区间的概率，面积 S_2 表示随机变量落入到 $(x, +\infty)$ 这一区间的概率。由正态分布的性质可得 $S_1 = S_2$ 和 $P_1 = P_2$，变量 x 取横坐标上任一位置，都存在上述函数关系。对于非正态分布，上述等式关系有可能不成立。

在实际生产中并不是所有的质量输出都是符合正态分布，不服从正态分布的工程能力分析理论不能准确地反映生产流程信息。因此，需要通过某种变换将所有非正态变量转换为正态变量，采用完备四阶矩转换方法可将非正态和正态随机变量都转换为标准正态量。完备四阶矩转换方法基于样本数据前四阶中心矩（均值、方差、偏度、峰度）将随机变量转换成相应的标准正态量（简写 FMNT），该法优点是不需要判断样本数据所属分布类型，并且适用于所有分布类型，没有峰度偏度的限制，只要能求解出样本数据的前四阶中心矩，即能采用该方法完成数据的正态和逆正态变换。

标准正态分布密度函数可表示为式（5-5），相应的数学内涵见图 5-22。

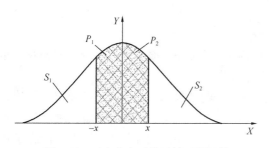

图 5-21　正态分布对称区域面积相等

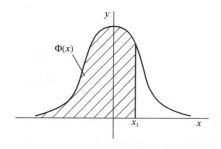

图 5-22　正态分布概率函数数学意义

$$\Phi(x) = \frac{1}{\sigma\sqrt{2\pi}} f_{-\infty}^{x} e^{-\frac{t^2}{2}} \mathrm{d}t = P(X \leqslant x) \tag{5-5}$$

对于变量 X 落入（x_1，x_2）区间的概率可表示为：

$$P(x_1 < X \leqslant x_2) = \Phi(x_2) - \Phi(x_1), \Phi(-x) = 1 - \Phi(x) \tag{5-6}$$

结合式（5-5）和式（5-6），可得：

$$P(-x < X \leqslant x) = \Phi(x) - \Phi(-x) = 2\Phi(x) - 1 \tag{5-7}$$

由式（5-6）和式（5-7）可推导出 6σ 质量管理表达式：

$$P(\mu - 3\sigma < X \leqslant \mu + 3\sigma) = 2\Phi(3\sigma) - 1 = 99.74\% \tag{5-8}$$

基于 FMNT 方法进行数据的正态转换及逆转换，可将所测样本数据均转换成标准正态变量。由标准正态分布性质可知：$\mu = 0, \sigma = 1$，故式（5-8）可转换为：

$$P(-3\sigma < X \leqslant 3\sigma) = 2\Phi(3\sigma) - 1 = 99.74\% \tag{5-9}$$

结合式（5-7）和式（5-9），可得到公差取值与保证率间的对应关系，具体见表 5-11。

公差取值与保证率的关系 表 5-11

标准正态分布函数概率表达式	计算公式	保证率
$P(-0.8\sigma < X \leqslant 0.8\sigma)$	$2\Phi(0.8\sigma) - 1$	57.6%
$P(-0.9\sigma < X \leqslant 0.9\sigma)$	$2\Phi(0.9\sigma) - 1$	63.0%
$P(-1.0\sigma < X \leqslant 1.0\sigma)$	$2\Phi(1.0\sigma) - 1$	68.0%
$P(-1.1\sigma < X \leqslant 1.1\sigma)$	$2\Phi(1.1\sigma) - 1$	72.9%
$P(-1.2\sigma < X \leqslant 1.2\sigma)$	$2\Phi(1.2\sigma) - 1$	76.0%
$P(-1.3\sigma < X \leqslant 1.3\sigma)$	$2\Phi(1.3\sigma) - 1$	80.6%
$P(-1.4\sigma < X \leqslant 1.4\sigma)$	$2\Phi(1.4\sigma) - 1$	83.8%
$P(-1.5\sigma < X \leqslant 1.5\sigma)$	$2\Phi(1.5\sigma) - 1$	86.6%
$P(-1.6\sigma < X \leqslant 1.6\sigma)$	$2\Phi(1.6\sigma) - 1$	89.0%
$P(-1.7\sigma < X \leqslant 1.7\sigma)$	$2\Phi(1.7\sigma) - 1$	91.0%
$P(-1.8\sigma < X \leqslant 1.8\sigma)$	$2\Phi(1.8\sigma) - 1$	92.8%
$P(-1.9\sigma < X \leqslant 1.9\sigma)$	$2\Phi(1.9\sigma) - 1$	94.0%
$P(-1.96\sigma < X \leqslant 1.96\sigma)$	$2\Phi(1.96\sigma) - 1$	95.0%

利用各组成工序的前四阶中心矩信息，将随机变量转换为标准正态变量。在已知总公差的情况下，基于 FMNT 逆正态转换方法得到不同标准差下的原始样本数据，可得到了基于等保证率下各工序公差值。图 5-23 为模板安装数据正态转化后的分布及原始数据分

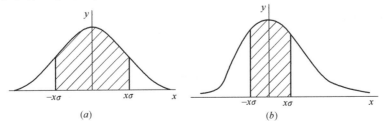

图 5-23　模板安装数据经正态转换后的数据分布和原始数据分布

（a）经正态转换后的数据分布；（b）原始数据分布

布，图 5-24 和图 5-25 分别给出了混凝土浇筑和蒸汽养护数据正态转化后的分布及原始数据分布。

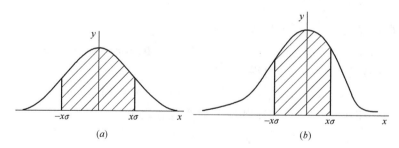

图 5-24　混凝土浇捣数据经正态转化后的数据分布和原始数据分布

(a) 经正态转换后的数据分布；(b) 原始数据分布

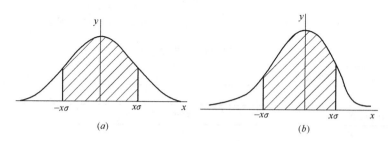

图 5-25　蒸汽养护数据经正态转化后的数据分布和原始数据分布

(a) 经正态转换后的数据分布；(b) 原始数据分布

可以看出模板安装、混凝土浇捣和蒸汽养护经基于 FMNT 转换后的分布图完全符合正态分布。其中，图中的 $\pm x\sigma$ 对应于表 5-11 中标准正态分布函数概率表达式。正偏差（$x\sigma$ 对应的数值）减去负偏差（$-x\sigma$ 对应的数值）为相应工序在 x 倍标准差处对应保证率公差。

若假设模板安装工序为第一道工序，令模板安装工序在 $\pm x\sigma$ 处对应的公差为 Δ_1，则有：

$$f_1(x\sigma) - f_1(-x\sigma) = \Delta_1 \tag{5-10}$$

同理，令混凝土浇筑工序在 $\pm x\sigma$ 处对应的公差为 Δ_2 和蒸汽养护工序 $\pm x\sigma$ 处对应的公差为 Δ_3，则分别有：

$$f_2(x\sigma) - f_2(-x\sigma) = \Delta_2 \tag{5-11}$$

$$f_3(x\sigma) - f_3(-x\sigma) = \Delta_3 \tag{5-12}$$

根据等概率分配理论，可知：

$$\Delta = \Delta_1 + \Delta_2 + \Delta_3 \tag{5-13}$$

式中：$f(x)$ 为 FMNT 逆转换函数关系表达式；Δ 为总公差，该总公差既可以是技术标准规定的总公差，也可以是基于工程能力指数得到的阈值总公差。

综上，由式（5-10）～式（5-13）可知，该分配理论可保证在同一保证率下对总公差的分配。

5.2.3 算例

以实测内墙板的厚度（长度小于 2m）为例开展等保证率的公差分配，各施工阶段内墙板厚度尺寸偏差拟合曲线，见图 5-26。图 5-27 还给出了相应的尺寸偏差 P-P 图。

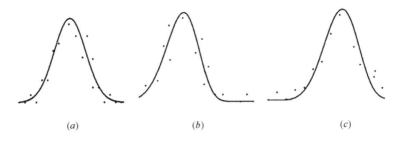

(a) (b) (c)

图 5-26 内墙板在各施工工序阶段厚度的偏差曲线拟合图
(a) 模板安装；(b) 混凝土振捣；(c) 蒸汽养护

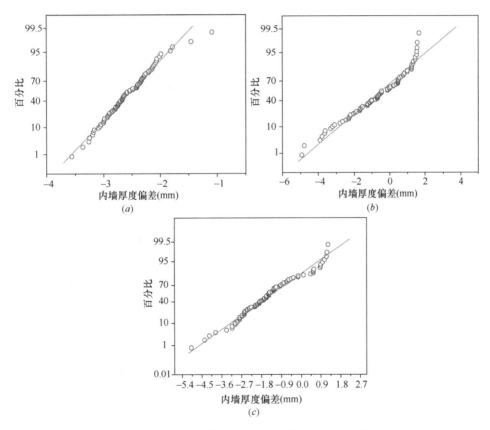

图 5-27 内墙板厚度各施工工序尺寸偏差 P-P 图
(a) 模板安装；(b) 混凝土振捣；(c) 蒸汽养护

可知内墙板在模板安装阶段厚度的尺寸偏差分布曲线拟合图和 P-P 图均服从正态分布，但混凝土振捣和蒸汽养护两道工序的曲线拟合图与 P-P 图均不满足正态分布。采用 Lilliefors 检验对内墙板在以上三道工序阶段厚度的样本数据进行正态性检验，结果表明模板安装阶段样本数据服从正态分布，而其他两道工序样本数据均不服从正态分布。有鉴于此，采用 FMNT 将该三道工序样本数据都转换成标准正态分布，转换后数据的正态拟合见图 5-28。

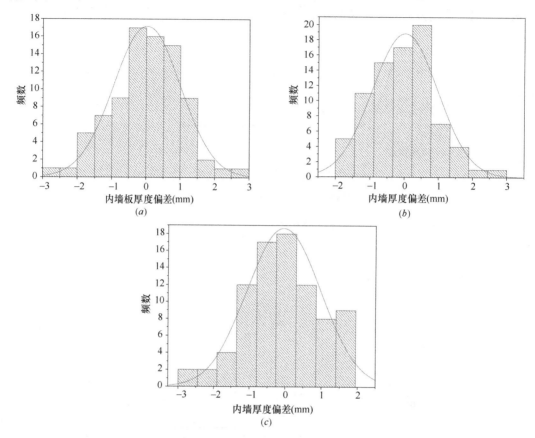

图 5-28 内墙板的厚度尺寸偏差数据经 FMNT 正态转换后直方图
(a) 模板安装；(b) 混凝土浇筑；(c) 蒸汽养护

将转换后的数据采用 Lilliefors 检验对该三道工序的样本数据进行正态性检验，可知三道工序都接受原假设，即均服从正态分布；并且转换后的数据的均值趋于 0、标准差趋于 1、偏度趋于 0 和峰度趋于 3。基于 FMNT 逆正态转换得到三道工序在 x 倍标准差处对应的原始样本数据数值、正偏差（$x\sigma$ 对应数值）和负偏差（$-x\sigma$ 对应数值），用正偏差减负偏差即得到该道工序在 x 倍标准差处对应公差值，具体计算结果见表 5-12。

内墙板厚度基于等保证率工序公差分配计算表（单位：mm）　　表 5-12

	模板安装				混凝土浇筑			蒸汽养护			总公差	保证率
$x\sigma$	上偏差	$-x\sigma$	下偏差	Δ_1	上偏差	下偏差	Δ_2	上偏差	下偏差	Δ_3	Δ	保证率
0.8σ	-2.253	-0.8σ	-2.898	0.645	0.621	-1.782	2.403	-0.381	-2.630	2.249	5.297	57.6%
0.9σ	-2.206	-0.9σ	-2.934	0.728	0.769	-1.908	2.798	-0.240	-2.770	2.530	6.056	63.0%
1.0σ	-2.158	-1.0σ	-2.971	0.813	0.913	-2.029	3.056	-0.099	-2.909	2.811	6.680	68.0%
1.1σ	-2.108	-1.1σ	-3.008	0.900	1.053	-2.143	3.196	0.043	-3.048	3.091	7.186	72.9%
1.2σ	-2.057	-1.2σ	-3.045	0.987	1.189	-2.250	3.439	0.184	-3.188	3.372	7.797	76.0%

模板安装				混凝土浇筑			蒸汽养护			总公差	保证率
$x\sigma$	上偏差	$-x\sigma$	下偏差	Δ_1	上偏差	下偏差	Δ_2	上偏差	下偏差	Δ_3	Δ	保证率
1.3σ	-2.005	-1.3σ	-3.081	1.076	1.319	-2.350	3.669	0.325	-3.327	3.652	8.397	80.6%
1.4σ	-1.952	-1.4σ	-3.118	1.167	1.444	-2.442	3.886	0.467	-3.465	3.932	8.985	83.8%
1.5σ	-1.897	-1.5σ	-3.156	1.259	1.564	-2.525	4.088	0.608	-3.604	4.212	9.559	86.6%
1.6σ	-1.840	-1.6σ	-3.193	1.353	1.676	-2.599	4.275	0.749	-3.743	4.492	10.120	89.0%
1.7σ	-1.782	-1.7σ	-3.232	1.450	1.782	-2.664	4.445	0.890	-3.881	4.771	10.666	91.0%
1.8σ	-1.722	-1.8σ	-3.270	1.548	1.880	-2.718	4.598	1.032	-4.019	5.051	11.196	92.8%
1.9σ	-1.661	-1.9σ	-3.309	1.649	1.970	-2.762	4.732	1.173	-4.157	5.330	11.710	94.0%
1.96σ	-1.623	-1.96σ	-3.333	1.710	2.019	-2.783	4.803	1.258	-4.240	5.497	12.010	95.0%

《装配式混凝土建筑技术标准》GB/T 51231—2016 规定墙板厚度公差为6mm。由表5-12可知，当总公差为6.056mm时，模板安装工序公差为0.728mm，混凝土浇筑工序公差为2.798mm，蒸汽养护工序公差为2.530mm；此时，相应的三道工序保证率为63%。若要达到较高的保证率，则需适当地放宽对墙板总公差的要求。例如，当保证率为90%时，总公差为10.5mm；当保证率为95%时，总公差为12mm。

5.3　基于等保证率的PC构件关键生产工序公差阈值分析

5.3.1　实测预制内墙板关键生产工序公差阈值

采用等保证率公差分配原理，分析并得到了装配式建筑内墙板构件（长度小于2m）高度和长度尺寸在各施工工序的公差，其详细结果分别见表5-13和表5-14。

内墙板高度基于等保证率工序公差分配计算表（单位：mm）　　表5-13

模板安装				混凝土浇筑			蒸汽养护			总公差	保证率
$x\sigma$	上偏差	$-x\sigma$	下偏差	Δ_1	上偏差	下偏差	Δ_2	上偏差	下偏差	Δ_3	Δ	保证率
0.8σ	-1.852	-0.8σ	-2.579	0.727	2.138	-0.627	2.765	0.761	-2.175	2.937	6.43	57.60%
0.9σ	-1.804	-0.9σ	-2.624	0.82	2.286	-0.799	3.085	0.91	-2.362	3.272	7.177	63.00%
1.0σ	-1.757	-1.0σ	-2.669	0.913	2.428	-0.968	3.396	1.051	-2.544	3.595	7.904	68.00%
1.1σ	-1.708	-1.1σ	-2.715	1.007	2.563	-1.133	3.696	1.183	-2.723	3.906	8.609	72.90%
					·							
					·							
					·							
1.96σ	-1.27	-1.96σ	-3.116	1.847	3.406	-2.367	5.773	1.885	-4.041	5.926	13.546	95.00%

基于上述可知，当总公差为 7.904mm 时的模板安装工序公差为 0.913mm，混凝土浇筑工序公差为 3.396mm、蒸汽养护工序公差为 3.595mm。此时，相应的三道工序保证率均是 68%。为确保公差数值的精确度，需在 $\pm 1.0\sigma$ 和 $\pm 1.1\sigma$ 之间探索在某倍数标准差对应总公差为 8mm 的分配。通过计算可知当在 $\pm 1.02\sigma$ 下，总公差为 8.001mm，对应的保证率为 69.2%。对应模板安装工序中的上偏差为 -1.753mm、下偏差为 -2.684mm 和 Δ_1 为 0.931mm。混凝土浇捣工序中，上偏差为 2.448mm、下偏差为 -0.986mm 和 Δ_2 为 3.434mm。蒸汽养护工序中，上偏差为 1.073mm、下偏差为 -2.563mm 和 Δ_3 为 3.636mm。若保证率为 90% 对应总公差为 12mm，保证率为 95% 对应总公差为 13.5mm。

内墙板长度基于等保证率工序公差分配计算表（单位：mm）　　　　表 5-14

模板安装					混凝土浇筑			蒸汽养护			总公差	保证率
$x\sigma$	上偏差	$-x\sigma$	下偏差	Δ_1	上偏差	下偏差	Δ_2	上偏差	下偏差	Δ_3	Δ	保证率
0.8σ	-1.895	-0.8σ	-2.853	0.958	2.107	-0.886	2.993	0.306	-2.334	2.640	6.591	57.6%
0.9σ	-1.835	-0.9σ	-2.898	1.063	2.250	-1.097	3.347	0.466	-2.490	2.956	7.366	63.0%
1.0σ	-1.776	-1.0σ	-2.939	1.163	2.386	-1.308	3.695	0.625	-2.644	3.268	8.126	68.0%
1.1σ	-1.720	-1.1σ	-2.976	1.256	2.514	-1.520	4.034	0.781	-2.794	3.575	8.866	72.9%
					·							
					·							
					·							
1.96σ	-1.359	-1.96σ	-3.109	1.750	3.236	-3.290	6.526	1.987	-3.936	5.922	14.199	95.0%

《装配式混凝土建筑技术标准》GB/T 51231—2016 中规定墙板长度总公差阈值为 8mm，对应的标准差为 $\pm 0.9\sigma$ 至 $\pm 1.0\sigma$。由此计算可知，在 $\pm 0.98\sigma$ 下，墙板尺寸总公差为 7.99mm；对应的模板安装工序公差为 1.142mm、混凝土浇捣工序公差为 3.628mm、蒸汽养护工序公差为 3.215mm。此时，对应的保证率为 67.3%。当保证率为 90% 时，总公差为 12.6mm；当保证率为 95% 时，总公差为 14.2mm。

基于现有规范规定的总公差范围内，分别给出了预制内墙板（长度 2~4m）外形尺寸公差分配数据计算结果，见表 5-15。

预制墙板（长度 2~4m）基于等保证率工序公差分配计算表（单位：mm）　　表 5-15

	工序	下偏差	上偏差	工序公差	保证率
高度	模板安装	-2.799	-1.830	0.968	62.3%
	混凝土浇筑	-0.822	2.438	3.260	
	蒸汽养护	-2.691	1.100	3.791	
长度	模板安装	-2.902	-1.927	0.975	66.8%
	混凝土浇筑	-1.261	2.464	3.725	
	蒸汽养护	-2.846	0.436	3.282	
厚度	模板安装	-2.941	-2.123	0.818	62.1%
	混凝土浇筑	-1.984	0.656	2.640	
	蒸汽养护	-2.804	-0.273	2.531	

上述结果表明，基于《装配式混凝土建筑技术标准》GB/T 51231—2016 限定总公差下确定的保证率较低。通过计算可知，当保证率为95%时，高度总公差为14.2mm、长度总公差为14.5mm 和厚度总公差为12.3mm。因此，若需达到较高的保证率，需适当放宽对内墙板总公差要求。

5.3.2　装配式建筑典型构件关键生产工序公差阈值

鉴于部分装配式建筑典型构件尺寸偏差不完全符合正态分布，将上述等保证率工序公差分配理论推广至预制叠合楼板和梁构件等构件各生产工序的公差分配。《装配式混凝土建筑技术标准》GB/T 51231—2016 规定预制楼板长度、宽度和厚度的尺寸公差均为10mm，采用等保证率公差分配理论分别求解出预制装配式楼板构件的长度、宽度和厚度工序公差，见表5-16。

预制叠合楼板基于等保证率工序公差分配计算表（单位：mm）　　　　表 5-16

	工序	下偏差	上偏差	工序公差	保证率
长度	模板安装	−0.588	0.713	1.302	77.4%
	混凝土浇筑	0.848	5.095	4.247	
	蒸汽养护	−0.905	3.734	4.639	
宽度	模板安装	−2.964	−1.223	1.741	80.3%
	混凝土浇筑	0.260	4.949	4.688	
	蒸汽养护	−0.958	3.181	4.139	
厚度	模板安装	0.250	1.607	1.358	88.6%
	混凝土浇筑	0.839	5.145	4.306	
	蒸汽养护	−0.402	4.262	4.664	

预制梁基于等保证率工序公差分配计算表（单位：mm）　　　　表 5-17

	工序	下偏差	上偏差	工序公差	保证率
长度	模板安装	−0.04	1.264	1.302	77.4%
	混凝土浇筑	1.398	5.648	4.249	
	蒸汽养护	−0.35	4.289	4.639	
宽度	模板安装	−3.751	−2.334	1.417	80.3%
	混凝土浇筑	−2.656	2.033	4.688	
	蒸汽养护	−3.873	0.264	4.137	
厚度	模板安装	−2.748	−1.391	1.358	88.6%
	混凝土浇筑	−2.184	2.109	4.293	
	蒸汽养护	−3.368	1.138	4.505	

综上可知，基于《装配式混凝土建筑技术标准》GB/T 51231—2016 限定总公差下确定的保证率较低。通过计算可知保证率为95%时，对应的长度总公差为13.7mm、宽度总公差为14.2mm 和厚度总公差为12.2mm。因此，若需要达到较高的保证率，同样应适当放宽对叠合板构件总公差的要求。

《装配式混凝土建筑技术标准》GB/T 51231—2016 还规定了预制梁长度、宽度、厚度公差均为10mm。采用等保证率公差分配理论分别计算出预制梁构件的长度、宽度和厚度工序公差，结果见表5-17。

由表 5-17 可知，基于《装配式混凝土建筑技术标准》GB/T 51231—2016 限定总公差下确定的保证率较低。通过计算可知当预制梁尺寸偏差保证率为 95％时，预制梁长度总公差为 13.7mm、宽度总公差为 14.2mm、厚度总公差为 12.2mm。若要达到较高的保证率，应适当放宽对梁构件总公差的要求。

通过本节分析可知，单一工序构件保证率容易保证。然而，对于多工序生产过程中的各工序加工工艺和加工难度不一，较难获得较高的保证率。

5.4 装配式混凝土构件尺寸公差成因与公差控制措施

以预制内墙板构件为例探讨了尺寸公差成因。实测内墙板厚度、高度和长度的尺寸生产关键工序主要包括模板安装、混凝土振捣、蒸汽养护和堆积储存四道工序。图 5-29 给出了内墙板厚度、高度和长度在各关键工序中的尺寸偏差比率。不同生产工序对内墙板尺寸精度影响程度分析结果，见表 5-18。

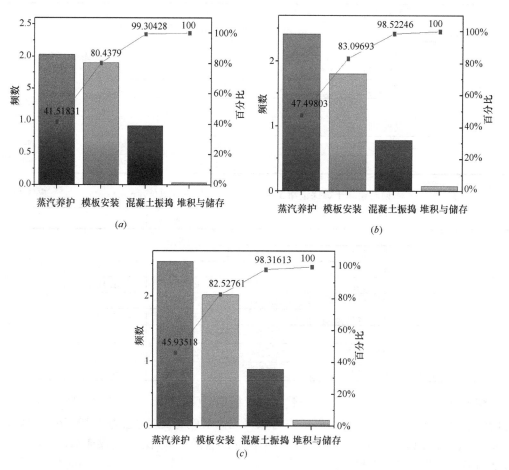

图 5-29 内墙板生产关键工序偏差在总公差中占比图
（a）内墙板厚度；（b）内墙板高度；（c）内墙板长度

不同生产工序对内墙板尺寸精度影响

表 5-18

工序	高度	长度	厚度	平均值
模板安装	35.60%	36.59%	38.92%	37.03%
混凝土振捣	15.42%	15.79%	18.86%	16.69%
蒸汽养护	47.50%	45.94%	41.52%	44.98%
堆放与储存	1.48%	1.68%	0.70%	1.30%

由表 5-18 可知，模板安装和蒸汽养护两道工序对预制内墙板构件成品的尺寸精度影响占比最大可达到 44.98%、37.03%。混凝土振捣的影响相对较小，均在 18.86% 的范围内。同时，堆放与储存的影响最小，约为 1.68%。

当装配式工厂生产线上生产的预制构件工序能力不足或者合格率较低时，如果盲目地对装配式建筑生产线上的工序进行同等级别的改进，会造成经济成本增加且不一定提高合格率。结合表 5-18 可知，若需对装配式工厂生产线上的工序进行改进时，应着重对蒸汽养护工序和模板安装工序进行改进。

5.4.1　模板和模具工程

模具优劣决定着产品质量，符合标准要求的模具可用来批量制造预制构件。高性能和精度的模具可保证预制构件精度和一致性，并能缩短制造周期。因此，利用新技术改进模具质量是装配式建筑质量管控环节之一。目前，装配式建筑预制构件模具存在不足主要体现为模具自重过大、使用寿命和耐久性问题突出、通用性和重复利用性有待提高。由于建筑企业的技术标准不同，预制构件的标准程度不高，造成模具浪费严重。装配式建筑 PC 构件生产中的模板工程因各企业技术水平不同和使用过程中处理不当等引起模具支模偏差和跑模等问题。

1. 生产工序中模板和模具的常见问题

装配式建筑 PC 构件在生产线上常见的模板和模具工序问题主要归纳如下：

（1）清理工序

1）钢台车清理工序易出现清理异常或台表面氧化锈蚀现象，见图 5-30。

 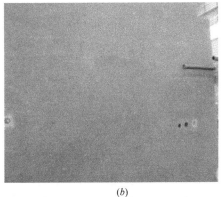

(a) (b)

图 5-30　钢台车清理工序

（a）钢台车清理异常；（b）氧化严重

2）生产作业台车清理不到位或打磨处理效果差，导致预制构件凹凸、麻面、表观质量问题突出，见图5-31。

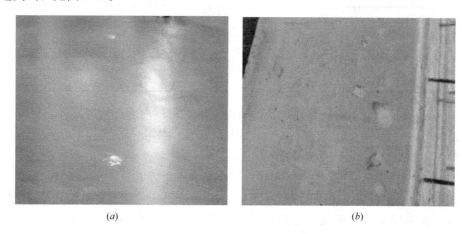

(a)　　　　　　　　　　　　　　　　　(b)

图5-31　生产作业台车清理工序
(a) 作业台车清理不到位；(b) 蜂窝、麻面

3）模具表层隔离剂涂刷不当，导致 PC 构件麻面或油印，直接影响构件表观质量，见图5-32。

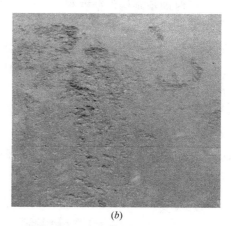

(a)　　　　　　　　　　　　　　　　　(b)

图5-32　隔离剂涂抹
(a) 隔离剂使用异常；(b) 构件表面麻面

（2）模具组装工序

1）挡边模具变形过大、定位不准，导致漏浆和蜂窝等缺陷，见图5-33。

2）露骨料剂种类和用量使用不当、涂抹不到位或超出冲洗时间，导致水洗效果略差。

2. 模具公差管控措施

（1）加强 PC 构件生产时模具定位和紧固等操作管理，降低生产制作引起的模具松动和偏离等。PC 构件在装配式生产线台模上生产，边模通常设置3~4个定位销。边模通过螺栓固定在台模上，螺栓松紧程度决定了模具的牢靠程度，直接影响模具外形尺寸偏差。模具组装完成后，应确保螺栓处于拧紧状态。

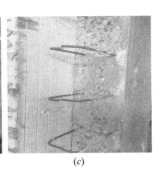

(a)　　　　　　　　　　　(b)　　　　　　　　　　　(c)

图 5-33　挡边模具弯曲变形和露骨料剂使用不当
(a) 挡边模具变形；(b) 挡边模具弯曲；(c) 露骨料剂使用不当

（2）定期开展模板和模具的变形调整与修复。长时间使用会导致模具磨损，导致变形和翘曲等问题，引起 PC 构件尺寸偏差增大。因此，需要定期开展模具检修和替换等。

（3）根据 PC 构件性能要求和特征，改进模具和模板构造形式或工艺以减小变形引起的偏差。如模板或模具增加加劲肋、斜撑等措施，提高其刚度。

5.4.2　预埋件工程

装配式建筑 PC 构件中预埋件数量较多，遍及预制构件的各个部位。同时，预埋件及水电管线的埋设工作复杂，会出现遗漏、质量把控不严等现象。装配式建筑 PC 构件生产中预埋件位置偏差问题突出，是 PC 构件质量管控的重点关注对象之一。

1. 生产工序中预埋件存在的问题

（1）预埋件定位不准和偏差问题突出，重复使用的预埋件表面清理不干净和变形大等。

（2）线盒定位偏差大、变形和破损等问题突出，见图 5-34。

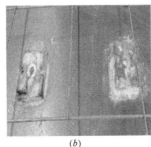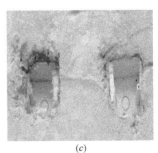

(a)　　　　　　　　　　　(b)　　　　　　　　　　　(c)

图 5-34　预埋件、线盒施工不良
(a) 预埋件未清理干净；(b) 线盒处理异常；(c) 线盒下陷

（3）预留孔洞等偏位问题突出，见图 5-35。

2. 减少预埋件位置公差的措施

（1）重视前期准备，开展人员技术培训和编制专项组织方案。通过查阅设计图纸，了解工艺要求。必要时，制订详细的专项组织方案。此外，开展相应的安全、技术和施工等交底工作。

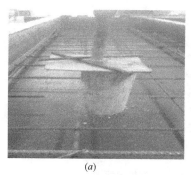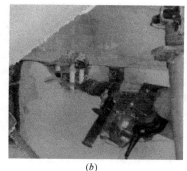

(a)　　　　　　　　　　　　(b)

图 5-35　预埋件施工

(a) 预埋件制作偏位；(b) 孔位偏差

（2）加强各专业间的协同配合，减少各专业和工序组织安排。

（3）注重细节，确保工序质量。加强复核检查，及时处理质量偏差。确保预埋管和预留孔洞位置准确并无遗漏。立管等竖直方向的预留孔洞的垂直度偏差应层层复核，发现偏差及时修正。同时，拆模后及时检查，预埋管堵塞需及时疏通。

（4）采用新材料和新工艺实现预埋件、水电管线、预留孔洞等固定与定位。钢筋混凝土预留螺栓孔的传统施工方法是采用整块方（圆）木、薄板拼装模板在混凝土支模时安装固定，预埋件往往采用直接预埋，采用钢筋（或小型钢）做定位架预埋在混凝土中。尝试使用高强硬质的 PVC 管、预制水泥砂浆（混凝土）板、薄壁钢管和薄钢板制管等各种材料替换现有料（整块方木、复合薄板等）。

5.4.3　混凝土工程

1. 混凝土浇捣与养护工序存在的问题

实际施工过程中，混凝土入模量多是根据目测和经验来确定。混凝土用量不合理可能导致了混凝土构件外形、尺寸等存在偏差。装配式建筑混凝土构件在浇筑和养护工序中通常面临以下问题：

（1）混凝土质量问题引起和易性和工作性差，导致构件表面产生裂纹、表观粗糙和表观异色等问题，见图 5-36。

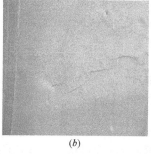

(a)　　　　　　　　(b)　　　　　　　　(c)

图 5-36　混凝土制备工序

(a) 流动性差；(b) 离析；(c) 表观异色

（2）浇捣工序把控不严格导致构件存在孔洞、麻面和蜂窝等病害，见图 5-37。

（3）混凝土养护措施不到位和不合理导致收缩、翘曲和变形问题。混凝土硬化过程中消耗水分，引起混凝土自收缩和干缩现象，这些均会导致混凝土构件的外形尺寸偏离其设计值。

2. 减少混凝土浇捣与养护公差的措施

（1）严格控制混凝土质量，确保混凝土性能满足装配式建筑混凝土构件浇筑要求，参照现行规范标准开展混凝土制备、运输和浇筑。

图 5-37　预制梁蜂窝问题

（2）加强混凝土振捣工序质量管理，根据不同构件类型设置振捣时长和振捣间隔。同时，探索分层浇筑技术和工艺。

（3）推广混凝土智能化蒸汽养护系统，确保蒸汽养护工艺流程、保证蒸汽养护各阶段温度与湿度要求。同时，根据不同混凝土组成、季节特征和工况等设定相应的蒸养工艺。

（4）开展 PC 构件蒸养后堆放过程中后续养护，采取必要养护、堆放等后续措施，如覆膜、喷水等。

5.5　小结

实测了典型装配式建筑混凝土构件尺寸和预埋件及孔洞等位置数据。通过理论分析建立了相应的尺寸偏差数学分布模型。结合 PC 构件各工序实测尺寸偏差分布数学模型，提出了基于等保证率的 PC 构件生产制作工序公差分配方法。主要研究工作如下：

（1）分析了模板安装、混凝土浇捣与蒸汽养护、堆积与储存阶段预制构件尺寸偏差分布特征及离散性。PC 构件高度和长度各工序阶段尺寸偏差均服从正态分布。然而，PC 构件厚度尺寸偏差数据仅在模板安装阶段呈正态分布，在其他工序阶段大致服从 Weibull 分布。

（2）基于预制构件实测尺寸偏差分布，提出了等保证率构件公差分配方法。采用完备四阶矩转换方法，将非正态和正态随机变量均转换为标准正态变量，拓展了等保证率工序公差分配理论适用范围。

（3）研究了各生产工序阶段对预制构件尺寸偏差影响。分析了预制构件各生产工序公差成因，并提出了 PC 构件各生产工序公差管控措施。

本章参考文献

［1］　郭志伟. 谈装配式建筑的优缺点［J］. 建材与装饰，2018(43)：178-179.

［2］　Hawkins D M. Regression adjustment for variables in multivariate quality control［J］. Journal of Quality Technology，1993，25(3)：170-182.

［3］　Fong D，Lawless J. The analysis of process variation transmission with multivariate measurements［J］. Statistica Sinica，1998，8(1)：151-164.

[4] Fenner J S，Jeong M K，Lu J C. Optimal automatic control of multistage production processes[J]. IEEE Transactions on Semiconductor Manufacturing，2005，18(1)：94-103.

[5] 王成柱，制造过程的质量管理探讨[J]. 工业工程与管理，1998(5)：41-44.

[6] Wang H，Huang Q. Using error equivalence concept to automatically adjust discrete manufacturing processes for dimensional variation control[J]. Journal of Manufacturing Science & Engineering，2007，129(3)：644.

[7] Jiao Y，Djurdjanovic D. Joint allocation of measurement points and controllable tooling machines in multistage manufacturing processes[J]. IIE Transactions，2010，42(10)：703-720.

[8] 戴敏. 多工序制造过程质量分析方法与信息集成技术研究[D]. 东南大学，2006.

[9] Schneider H，Kasperski W J. Ledford T. Control charts for skewed and censored data[J]. Quality Engineering，1995，8(2)：263-274.

[10] Nelson L S. The shewhart control chart-tests for special causes[J]. Journal of Quality Technology，1984，16(4)：237-239.

[11] Farnum N R. Using johnson curves to describe non-normal ROCESS data[J]. Quality Engineering，1996，2(9)：329-336.

[12] Chua M K，Montgomery D C. Investigation and characterization of a control scheme for multivariate quality control[J]. Quality and Reliability Engineering，1992，8(1)：37-44.

[13] 张维铭，施雪忠，楼龙翔. 非正态数据变换为正态数据的方法[J]. 浙江理工大学学报，2000(3)：56-59.

[14] Wei，Jiang. Multivariate control charts for monitoring auto correlated processes[J]. Journal of Quality Technology，2004：1-16.

[15] Box G P E. An analysis of transformations(with discussion)[J]. J Roy Statist Soc，1964，26：1269-1276.

[16] 李玉玲. 基于过程能力指数的工序质量控制研究[D]. 重庆大学，2008.

[17] 李晨光，杨洁. 6σ 理论在预制混凝土构件加工制作质量控制中应用探讨[J]. 建筑技术开发，2011，38(10)：5-7.

[18] 龚鑫，黄美发，孙永厚，等. 基于极值法与统计公差法的不同尺寸公差分配方法的研究[J]. 组合机床与自动化加工技术，2015，(3)：5-8.

[19] 蒋升. 基于绿色制造的计算机辅助公差设计研究[D]. 天津科技大学，2011.

[20] Zhao Y，Lu Z. Fourth-moment standardization for structural reliability assessment[J]. Journal of Structural Engineering，2007，133(7)：916-924.

[21] 赵衍刚，江近仁，陈君娇. 结构可靠性分析中各类不确定的综合处理方法[J]. 地震工程与工程震动，1995，4：1-9.

[22] Fleishman A. A method for simulating non-normal distributions[J]. Psychometrika，1978，43(4)：521-532.

[23] 张玄一. 四阶矩可靠度方法及其在桥上 CRTS Ⅱ 型轨道板可靠度分析中的应用[D]. 中南大学，2019.

[24] 混凝土结构工程施工质量验收规范 GB/T 50204—2015[S]. 北京：中国建筑工业出版社，2015.

[25] 装配式混凝土结构技术规程 JGJ 1—2014[S]. 北京：中国建筑工业出版社，2014.

[26] 湖南省装配式混凝土结构建筑质量管理技术导则[S]. 北京：中国建筑工业出版社，2016.

[27] 陈亚力，裴亚峥，刘诚. 概率论与数理统计[M]. 北京：科学出版社，2008.

[28] 李锐军，梁庆，塑料预埋件产品的工程研发与应用[J]. 科学与财富，2014(6)：79-79.

第六章　装配式建筑公差尺寸链与公差设计

装配式建筑物或构筑物装配公差是由构件组装过程中的安装公差与构件本身的尺寸公差累积而成。传统的建筑构件公差控制与评定中将构件尺寸公差与安装公差割裂开来，导致无法从全过程或全尺寸链方面分析公差累积与抵消等问题。本章通过引入尺寸链理论，构建了 PC 构件装配过程尺寸链模型。通过将构件的尺寸公差和安装公差视为尺寸链中的组成环和封闭环，利用解尺寸链方式来求解构件尺寸公差与安装公差相互影响，构建出构件尺寸公差和安装公差之间的相关关系，以期为装配式建筑装配过程中公差设计提供理论支撑。

6.1　尺寸链理论

6.1.1　尺寸链概念及其工程应用

尺寸链的概念源自于机械制造业，指在机械零件装配过程中成品所包含的各个相互联系的零件尺寸按照一定的排列顺序且首尾相接排列而成的封闭尺寸组。装配式建筑构件安装也可参考既有尺寸链理念，开展相应的尺寸分配分析，见图 6-1。尺寸链特点主要有三点：

（1）闭合性：指这组尺寸在首尾相接之后必须是闭合的。

（2）联系性：此组尺寸中任何一个尺寸的改变都会造成整体的改变。

（3）链环数：尺寸的量至少为三个。

完备的尺寸链组成要素包括：

（1）环：指所有组成尺寸链的尺寸要素，如图 6-1（b）中所示的 L_1、L_2、L_3。

（2）封闭环：指尺寸链在加工、装配的过程中，自然形成的最后一个大环。如图 6-1（b）中所示的 L_0。

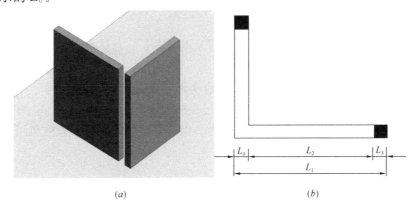

（a）　　　　　　　　　　　　　（b）

图 6-1　PC 构件装配尺寸链示意图

（a）构件装配实体图；（b）尺寸链示意图

（3）增环：尺寸链组成要素中，尺寸要素的改变会导致封闭环的尺寸同向改变，且改变为正相关；即该环尺寸增加，会使得封闭环尺寸增加，如图 6-1（b）所示的 L_1。

（4）减环：尺寸链组成要素中，尺寸要素的改变会导致封闭环的尺寸反向改变；即该环尺寸增加，会使得封闭环尺寸减小，如图 6-1（b）所示的 L_2。

（5）补偿环：将组成环中的一个作为补偿环，对其进行改变或设置余量，通过调节补偿环使封闭环或者组成环达到设定要求，得出补偿环的最终尺寸。

（6）传递系数：用以表示各组成环对封闭环影响大小的系数。假设第 i 个组成环的传递系数为 ζ_1，对于增环则 ζ_i 为正值，对于减环则 ζ_i 为负值；因此，相应的尺寸链函数表达式为 $L_0 = f(L_1, L_2, \cdots L_n)$。如图 6-1（b）所示的两块外挂墙板装配尺寸链：若有 $L_0 = L_1 - L_2 - L_3$，则 $\zeta_1 = 1, \zeta_2 = -1, \zeta_3 = -1$。

公差设计的目是在满足设计功能、具体项目要求和国家规定的前提下，实现装配效率增加和生产成本的减少。公差设计涉及上述尺寸链中的组成环和封闭环的设计运算，具体来说包括公差分析（正算法）和公差分配（反算法），见图 6-2。

公差分析是指已知组成环的极限偏差（稳定工序下统计得到）或者规定允许公差限，根据装配的具体需求将其代入尺寸链计算构件、零件装配公差累计的最终结果，并判断最终结果是否达到了设计或者规范的要求；若未能达到要求则重新反馈到设计进行二次公差调整。此方法可用于确定调节环的最佳公差范围从而保证封闭环满足设计、规定要求。

公差分配是指已知封闭环尺寸，将其代入尺寸链反解各个组成环的公差范围公差分配意义是在保证装配成品满足规范、设计要求的目的下，求解各个装配构件的尺寸公差。

以外挂墙板安装为例，阐述相应的构件安装公差分配做法，见图 6-3。图中 $A_1, A_2, \cdots, A_5$ 为预制外挂墙板构件长度尺寸，而 A_{sum} 为外墙体装配后总长度。假设墙体拼缝宽度 A_0 为封闭环，则有尺寸链方程 $A_0 = A_{sum} - A_1 - A_2 - A_3 - A_4 - A_5$。因此，$A_1 \sim A_5$ 为减环，A_{sum} 为增环。

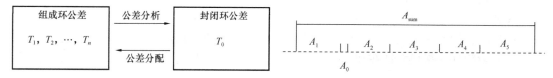

图 6-2　公差分析和公差分配运算关系　　　　图 6-3　外挂墙板安装示意图

对外挂墙板的安装做出上述正算法和反算法两种分析，具体如下：

（1）正算法（公差分析）

若待装配墙体的长度 $A_1 \sim A_5$ 已知（可由实际测量得到），可根据国标规范中规定的成品墙体的定位偏差来确定 A_{sum}，从而利用尺寸链函数可计算出封闭环 A_0 的准确尺寸与公差。通过公差分析预留合适的墙体拼缝宽度，以确保墙体安装成品合格和保证在现有验收条件下墙体安装累积偏差满足要求。

（2）反算法（公差综合）

若已知墙体拼缝宽度 A_0，可根据规范确定成品墙体的定位偏差 A_{sum}。根据尺寸链理论的公差分配原则计算出 PC 墙体构件在工厂生产应该达到的公差标准，确保 PC 墙体按现有安装能力下达到高效和高精度建造要求。

6.1.2　尺寸链求解方法

传统的尺寸链方程求解方法主要包括极值法、概率法和基于蒙特卡洛模拟的计算机辅助公差设计方法等。

（1）极值法

极值法（简写 WS）计算思路简单明了，是保证装配成功率 100% 的非常保守方法，常用于需要合格保证率极高制造业中。极值法在计算装配公差时假定各组成环的尺寸公差都处于极限值，即当组成环的增环公差取上限、减环公差取下限时，计算得到封闭环的公差上限。反之，当组成环的增环公差取下限和减环公差取上限时，则可得到封闭环的公差下限。该法可在公差设计层面上 100% 保证装配成功且能实现完全互换的一种方法。

极值法封闭环基本尺寸、封闭环中间偏差和封闭环公差计算公式如下：

$$A_0 = \sum_{i=1}^n \zeta_i A_i \tag{6-1}$$

$$\Delta_0 = \sum_{i=1}^n \zeta_i A_i \tag{6-2}$$

$$T_0 = \sum_{i=1}^n |\zeta_i| A_i \tag{6-3}$$

式中：A_0 为封闭环基本尺寸，A_i 为第 i 个组成环的尺寸，n 为组成环的个数，ζ_i 为第 i 个组成环的传递系数，Δ_0 为封闭环的中间偏差，Δ_i 为第 i 个组成环的中间偏差，T_0 为封闭环公差，T_i 为第 i 个组成环的公差。

可知，封闭环的极限偏差为：

$$ES_0 = \Delta_0 + 1/2 T_0 \tag{6-4}$$

$$EI_0 = \Delta_0 - 1/2 T_0 \tag{6-5}$$

故封闭环的极限尺寸为：

$$A_{\max} = A_0 + ES_0 \tag{6-6}$$

$$A_{\min} = A_0 - EI_0 \tag{6-7}$$

式中：ES_0、EI_0 分别为封闭环的极大偏差与极小偏差，$A_{\max}$、$A_{\min}$ 为封闭环的极大尺寸与极小尺寸。

极值法计算过程简单，逻辑性强和合格保证率极高。然而，在目前的公差设计研究工作中，所有装配件的公差所对应的增环、减环属性全部处于恰当的极限状态；此种工况的概率极低，故极值法要求装配件有较小的公差带才能满足公差设计的要求。然而，较小的公差会导致加工难度和成本增加。

（2）概率法

概率法是基于数理统计思想的一种典型解尺寸链方法。与极值法的 100% 互换性不同，概率法只要求大数互换。根据 6σ 原理以 99.73% 的置信水平为基准，比极值法解尺寸链得到组成环或封闭环公差带偏大；即该方法允许 0.27% 的废品率换取工艺简化，能有效地减小加工难度和经济，是一种更为贴切工厂制造实际的公差设计方法。

概率法的封闭环基本尺寸、封闭环的中间偏差和封闭环公差可采用下式计算：

$$A_0 = \sum_{i=1}^n \zeta_i A_i \tag{6-8}$$

$$\Delta_0 = \sum_{i=1}^{n} \zeta_i \left(\Delta_i + e_i \frac{T_i}{2} \right) \tag{6-9}$$

$$T_0 = \frac{1}{K_0} \sqrt{\sum_{i=1}^{n} \zeta_i^2 K_i^2 T_i^2} \tag{6-10}$$

式中：A_0 为封闭环基本尺寸，A_i 为第 i 个组成环的尺寸，n 为组成环的个数，ζ_i 为第 i 个组成环的传递系数，Δ_0 为封闭环的中间偏差，Δ_i 为第 i 个组成环的中间偏差，T_0 为封闭环公差，T_i 为第 i 个组成环的公差。e_i 为第 i 组成环的相对不对称系数，K_0 为封闭环的相对分布系数，K_i 为第 i 组成环的相对分布系数。e_i，K_i 的取值原则详见相关文献。

相应的组成环极限偏差和组成环极限尺寸，如下：

$$ES_i = \Delta_i + T_i/2 \tag{6-11}$$

$$EI_i = \Delta_i - T_i/2 \tag{6-12}$$

$$A_{\max} = A_i + ES_i \tag{6-13}$$

$$A_{\min} = A_i + EI_i \tag{6-14}$$

6.1.3 公差分配方法

（1）等公差法

假设构件在生产时均按一致的设计目标公差施工，并进行均等的公差分配，基于这种假设的公差分析方法称为等公差法。在生产实践中若装配件尺寸、外形、生产工艺都比较相近，则可以按照等公差法进行公差分配，分配公式如下：

$$T_i = T_0 / \sum_{i=1}^{n} |\xi_i| \tag{6-15}$$

式中：ζ_i 为第 i 个组成环传递系数，n 为组成环个数，T_0 为封闭环公差或者需要分配的总公差，T_i 第 i 个组成环公差。

针对当前装配式建筑各类型 PC 构件的生产工艺和工法比较相近，同类型 PC 构件尺寸大小和外形也相近，故 PC 构件装配尺寸链中优先采用等公差法进行公差分配。

（2）等精度法

等精度法是比较依赖经验取值和主观判断的公差分配方法。该法是将同一类装配成品中的所有组成环取相同的公差等级，根据国家标准查询组成环的公差因子参数，进而确定其组成环公差。等精度法忽略了尺寸、工艺工法等因素对组成环公差的影响，存在结论片面和不可靠等问题。一般情况，不建议采用该法处理装配式建筑建造公差分配。

（3）等影响法

尺寸链中每一组成环的尺寸都会对封闭环有影响，等影响法是根据尺寸链中各个组成环的传递系数和公差等综合考虑分配公差，即分配的公差按组成环对封闭环的影响权重进行配分，公式如下：

$$T_i = \frac{\sqrt{(\zeta_y T_y)^2 - \sum_{j \neq i} (\beta_j \zeta_j T_j)^2}}{\beta_i \zeta_i} \tag{6-16}$$

式中：i 和 j 为组成环的序数；β_i 与 β_j 为第 i 和 j 组成环的相对分布系数；ζ_i、ζ_j、ζ_y 分别为第 i、j 个组成环和封闭环的传递系数；T_i、T_j、T_y 分别为第 i、j 个组成环和封闭环的公差。

6.2　基于蒙特卡洛模拟的计算机辅助公差分析

蒙特卡洛方法是基于随机抽样和概率论旨在解决现实工程及物理问题的一种实验数学方法。蒙特卡洛方法的基本思想是：针对工程背景所求事件出现的概率建立一个随机概率模型，将其某个随机变量的期望或者某个参数的平均值作为问题的解；然后，通过观察及计算得到随机抽样的伪随机数组的参数统计结果，从而得到工程实际问题解的近似值。应用蒙特卡洛模拟方法解决本节尺寸链公差问题的步骤是先确定所求问题的概率统计数学模型（根据工程实例情况建立尺寸链方程），利用数学软件对已知的组成环（各类构件尺寸）或封闭环公差数学分布进行随机数的生成并随机抽样，最终将得到的随机数代入尺寸链方程进行计算得到工程问题近似解。

6.2.1　蒙塔卡洛法的收敛性与随机抽样

假设问题的计算目标解为 ξ（定义为随机变量），ξ 的数学期望值 $E(X)$。因此，ξ 可通过对人为定义随机变量 X 多次反复随机抽样，生成随机数数列 $x_1, x_2, x_3, \cdots, x_n$，计算其算数平均值：

$$\bar{\xi}_n = \frac{1}{n} \sum_{i=1}^{n} x_i \tag{6-17}$$

根据大数定理的结论，可知在大量随机抽样产生的大样本随机数中，其算数平均值即是所求量的近似估计值，并且算数平均值 $\bar{x}_i$ 收敛为 ξ 的概率为 100%，即：

$$P(\lim_{n \to \infty} \bar{x}_n = \xi) = 1 \tag{6-18}$$

依据中心极限定理，则有：

$$P\left(|\bar{x}_n - \xi| < \lambda \frac{\sigma}{\sqrt{n}}\right) = \frac{1}{\sqrt{2\pi}} \int_{-\lambda_\alpha}^{\lambda_\alpha} e^{-t^2/2} \mathrm{d}t = 1 - \alpha \tag{6-19}$$

$$|\bar{x}_n - \xi| < \lambda \frac{\sigma}{\sqrt{n}} \tag{6-20}$$

上述不等式成立的概率为 $1-\alpha$，其中 α 为置信度，$1-\alpha$ 为置信水平。σ 为随机变量 X 的标准差，那么由公式（6-20）可知 $\bar{x}_i$ 收敛到 ξ 的速度为 $o(n^{1/2})$。当 $\sigma \neq 0$ 时，使用蒙特卡洛法的误差为：

$$\varepsilon = \lambda_\alpha \frac{\sigma}{\sqrt{n}} \tag{6-21}$$

式中：λ_α 是与置信度 α 相对应的正态差，其数值查表可知。

由公式（6-21）可知，蒙特卡洛法的误差 ε 与随机抽样次数 n 的 1/2 次方成反比。随机抽样次数越多，误差越小。当随机抽样次数达到 10 万次时，使用蒙特卡洛法解尺寸链的误差极小，随机抽样次数满足计算要求。

6.2.2　随机抽样方法与随机数

随机数的生成是自古以来就有的命题，如掷硬币、筐中抽球、纸牌游戏等都是随机数产生的办法。然而，这些办法效率低且大部分难以满足要求，利用计算机辅助公差设计方法可利用 MATLAB 软件中的随机数发生器生成大量的随机数。已知工况的数学分布模型，直接根据函数解析式产生随机数，该法称为直接抽样法。

假设随机变量 X 的概率分布函数为连续函数 $F(x)$ 且其概率密度函数为 $f(x)$，则 $R = F(x)$ 便是 $[0,1]$ 上服从均匀分布的随机变量赋值。$F(x)$ 在 $(-\infty, x)$ 内取值与 R 在 $[0,1]$ 上的函数值是一一对应的，根据连续函数的性质可以利用逆变换法求得随机变量 X 的表达式。

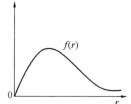

图 6-4　瑞利分布
密度函数曲线

以瑞利分布的直接抽样法举例，其概率密度函数 $f(x)$ 表达式为（6-22），其概率密度函数曲线见图 6-4。

$$f(x) = \begin{cases} \dfrac{x}{\sigma_0^2} e^{\frac{x^2}{2\sigma_0^2}} & x \geqslant 0 \\ 0 & x \leqslant 0 \end{cases} \qquad (6\text{-}22)$$

理论上瑞利分布取值范围是 $[0, +\infty]$，为缩减随机变量 X 的范围，采用正态分布中 6σ 原则截尾处理。令 $F(x)_{\max} = 1 - q = 0.9973$，则只需在区间 $[0, 3.44\sigma_0]$ 上取瑞利分布的随机变量 X，σ_0 是瑞利分布的参数。即在 $3.44\sigma_0$ 范围内的概率为 $1 - q = 1 - 0.0027 = 0.9973$，相应的 $x = 3.44\sigma_0$ 和 $F(x)_{\max} = 0.9973$。

概率分布函数为：

$$R = F(x) = \int_a^x \frac{x}{(1-q)\sigma_0^2} e^{\frac{x^2}{2\sigma_0^2}} dx = \frac{e^{\frac{a^2}{2\sigma_0^2}} - e^{\frac{x^2}{2\sigma_0^2}}}{1-q}, \alpha \leqslant x \leqslant 3.44\sigma_0^2 \qquad (6\text{-}23)$$

可知：

$$X = \sigma_0 \sqrt{-2\ln[1-(1-q)R]}, \alpha \leqslant x \leqslant 3.44\sigma_0 \qquad (6\text{-}24)$$

常见分布的蒙特卡洛模拟随机数抽样方法，见表 6-1。

常见分布蒙特卡洛模拟的随机抽样　　　　　　　　　表 6-1

分布类型	抽样方法	参数	随机数 x
正态分布	近似抽样/变换抽样法	$-\infty < \mu < +\infty, \sigma$	$x = \mu + \sigma R_n$
对数正态分布	变换抽样法	$-\infty < \mu < +\infty, \sigma$	$x = e^{\mu + \sigma R_n}$
均匀分布	直接抽样法	$a < b$	$x = (b-a)R_u + a$
指数分布	直接抽样法	$\lambda > 0$	$x = -\dfrac{1}{\lambda}\ln(1 - R_u)$
Weibull 分布	直接抽样法	$\beta > 0, \eta > 0$	$x = -\eta \left[\ln(1 - R_u)\right]^{\frac{1}{\beta}}$

6.2.3　蒙特卡洛法辅助公差设计步骤

利用蒙特卡洛法求解尺寸链的具体实现步骤见图 6-5，详细操作如下：

（1）根据实际测量及其数理统计分析得到构件尺寸偏差数据服从的数学分布；

（2）根据计算精度要求确定大概随机模拟次数 n（理论上 n 越大越好）；

（3）基于构件尺寸偏差数据的数学分布，利用 MATLAB 进行 n 次随机抽样，得到样本量为 n 的组成环随机数组（$A_1, A_2, \cdots, A_n$）；

（4）基于已建立的尺寸链方程，将组成环随机数组（$A_1, A_2, \cdots, A_n$）代入尺寸链方

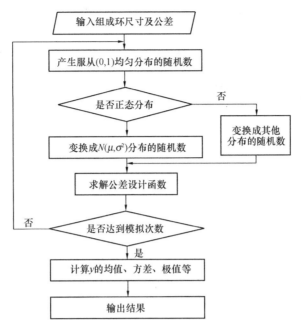

图 6-5 基于蒙特卡洛模拟的公差分析流程图

差组，通过解尺寸链方程得到 n 个封闭环尺寸 $A_{01}, A_{02}, \cdots, A_{0n}$；

（5）对 n 个封闭环尺寸 $A_{01}, A_{02}, \cdots, A_{0n}$ 进行数理统计分析，得到其直方分布图及均值、标准差等参数。

6.3 正解法解尺寸链算例

利用已得到构件尺寸实测偏差上下限对实际工程 PC 构件装配的公差进行设计。以三个轴线上外挂墙板安装实例，开展基于尺寸链理论的公差设计方法在墙板安装过程相关问题分析，主要涉及两个方面：一是依照当前规范的安装公差，计算以墙板拼缝作为调节环的公差；二是探讨在环公差不能满足实际安装偏差要求时重新计算工厂预制构件的公差设计目标值。

6.3.1 工程概况简述

以现场同轴线的六块外挂墙板 $A_1 \sim A_6$ 为例（图 6-6），其长度尺寸特性和数学分布见表 6-2。假设 A_0 为 $A_1 \sim A_6$ 安装时外挂墙体安装接缝总长（共计 5 道留缝），在预制构件安装时各墙板都是紧密贴合毫无缝隙，即封闭环的理想目标值为 0。A_7 为安装后墙体总长尺寸，按规范验收标准取值轴线偏差为 8mm，即墙长 A_7 的公差上下限为 ± 8mm。根据实测现场安装墙体轴线偏差可知墙体轴线偏差服从正态分布，将安装轴线规范公差 ± 8mm

图 6-6 外挂墙板安装图示

转化为正态分布数学模型为 N（0，2.67），以下讨论如何根据尺寸链的正解法求得 A_0 尺寸。

表 6-2

$A_1 \sim A_7$ 长度尺寸特性及概率分布（单位：mm）

组成环	名称	基本尺寸	概率分布	极限偏差	公差
A_1	墙长 1	2000	$N(-5.9, 1.19)$	$(-9.47, -2.33)$	7.14
A_2	墙长 2	2000	$N(-5.9, 1.19)$	$(-9.47, -2.33)$	7.14
A_3	墙长 3	2000	$N(-5.9, 1.19)$	$(-9.47, -2.33)$	7.14
A_4	墙长 4	3000	$N(-8.33, 4.5)$	$(-12.83, -3.83)$	9
A_5	墙长 5	3000	$N(-8.33, 4.5)$	$(-12.83, -3.83)$	9
A_6	墙长 6	3000	$N(-8.33, 4.5)$	$(-12.83, -3.83)$	9
A_7	墙总长	15000	$N(0, 2.67)$	$(-8, 8)$	16

6.3.2 尺寸链公差计算

根据工程概况建立尺寸链方程为：

$$A_0 = A_7 - A_1 - A_2 - A_3 - A_4 - A_5 - A_6$$

（1）极值法解

封闭环公差上下限为：

$$ES_0 = \sum_{i=1}^n ES_z - \sum_{j=n+1}^m EI_j = 8 - (-9.47) \times 3 - (-12.83) \times 3 = 74.9 \text{mm}$$

$$EI_0 = \sum_{i=1}^n EI_z - \sum_{j=n+1}^m ES_j = -8 - (-2.33) \times 3 - (-3.83) \times 3 = 10.48 \text{mm}$$

封闭环极限尺寸为：

$$L_{0\max} = A_0 + ES_0 = 74.9 \text{mm}$$

$$L_{0\min} = A_0 + EI_0 = 10.48 \text{mm}$$

根据等公差配分方法，可知

$$A'_{0\max} = \frac{ES_0}{5} = 14.98 \text{mm}$$

$$A'_{0\min} = \frac{EI_0}{5} = 2.096 \text{mm}$$

因此，该实例按极值法计算得到墙板拼缝尺寸计算值为 $0^{14.98}_{2.10}$ mm。

（2）概率法解

尺寸链的封闭环统计公差为：

$$T_{0S} = \sqrt{\sum_{i=1}^m T_i^2} = \sqrt{(7.14^2 \times 3 + 9^2 \times 3 + 16^2)} = 25.75 \text{mm}$$

封闭环中间偏差为：

$$\Delta_0 = \sum_{i=1}^n \Delta_z - \sum_{n+1}^m \Delta_j = 0 - (-5.9) \times 3 - (-8.33) \times 3 = 42.69 \text{mm}$$

$$A_{0\max} = \Delta_0 + T_0/2 = 42.69 + 25.75/2 = 55.57 \text{mm}$$

$$A_{0\min} = \Delta_0 - T_0/2 = 42.69 - 25.75/2 = 29.82\text{mm}$$

依据前文中等公差配分方法，可知公差上下限分别为：

$$A'_{0\max} = A_{0\max}/5 = 55.57/5 = 11.11\text{mm}$$
$$A'_{0\max} = A_{0\max}/5 = 29.82/5 = 5.96\text{mm}$$

因此，该实例按概率法计算得到墙板拼缝尺寸计算值为 $0^{11.11}_{5.96}\text{mm}$

（3）蒙特卡洛法解

根据表 6-2 中各外挂墙板的概率分布模型，由 MATLAB 生成 n 个服从相应分布模型的随机数，再代入尺寸链中计算得到封闭环尺寸抽样结果，结果见图 6-7 和表 6-3。

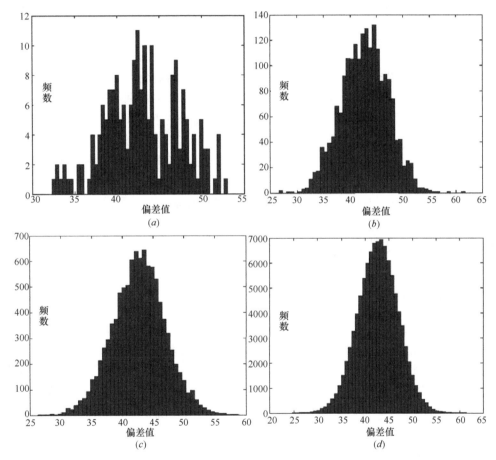

图 6-7　蒙特卡洛模拟结果

（a）$n=200$；（b）$n=2000$；（c）$n=10000$；（d）$n=100000$

蒙特卡洛模拟结果参数统计　　　　　　　　表 6-3

序号	抽样次数	均值（mm）	标准差（mm）	$X_{\min}$(mm)	$X_{\max}$(mm)
1	200	43.13	4.31	30.20	56.06
2	2000	42.72	4.39	29.55	55.89
3	10000	42.67	4.24	29.95	55.39
4	100000	42.69	4.24	29.97	55.41

由图 6-7 可知，在模拟次数达到 2000 次以后，抽样数据趋于稳定，这间接证明在稳定状况下大批量生产的构件尺寸分布服从正态分布。同理，当各组成环在其公差带内服从正态分布时，封闭环也服从正态分布。

同极值法和概率法一致，根据等公差方法，求解每两个预制外挂墙板之间拼缝（共计四个）的公差上下限分别为：

$$A'_{0max} = A_{0max}/5 = 55.41/5 = 11.08\text{mm}$$

$$A'_{0min} = A_{0min}/5 = 29.97/5 = 5.99\text{mm}$$

因此，该实例按蒙特卡洛法计算得到墙板拼缝尺寸计算值为 $0_{5.99}^{11.08}\text{mm}$。

6.3.3　计算结果分析

对比三种解法，极值法得到的封闭环公差带较大。从统计角度可知，会导致组成环分配到较严的公差，加工精度要求较高、加工难度大、产品废品率和经济成本增加。概率法与蒙特卡洛法结果基本一致，相对极值法都能有更加宽松的组成环公差，加工精度要求相对较小、便于安装。然而，概率法只能应用于组成环偏差服从正态分布的情况。蒙特卡洛法适用于装配函数为非线性表达式时，装配件参数可适用于各类分布，并且在计算机辅助公差设计下可高效和精确地获得相应结果。综上可知，本项目外挂墙板同一轴线安装时，外挂墙板缝隙宽度应控制在 5.99～11.08mm 区间可以保证安装质量需求。

6.4　反解法解尺寸链算例

6.4.1　工程概况简述

鉴于本书未统计施工现场安装墙体质检缝隙宽度大小，无法从客观的统计角度定量描述现有墙体接缝宽度公差允许值的变化。然而，基于上述理论可根据现场施工对缝隙宽度的要求（如《装配式混凝土建筑技术标准》GB/T 51231—2016 中规定外墙接缝宽度不应小于 10mm），按照现场施工需求给出接缝宽度的设计值；通过尺寸链分析的方式得到基于现场安装需求工厂生产 PC 构件的目标公差设计值，实现现场安装与工厂生产环节公差分配紧密关联。

以四块同一尺寸范围的外挂墙板在同一轴线上进行安装为例（图 6-8），设墙体拼缝分别为 A_1、A_2、A_3，外挂墙板长度尺寸皆为 A_0。进一步假设 $A_0 = 0_0^{20}\text{mm}$，安装后墙体总长为 A_4。采用 6.3 节算例中的公差为 $\pm 8\text{mm}$，各组成环数据信息见表 6-4，计算四块墙板基于安装需求的设计公差目标值。

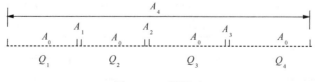

图 6-8　工况图示

$A_1 \sim A_4$ 长度尺寸特性及数学分布（单位：mm） 表 6-4

组成环	名称	基本尺寸	数学分布	极限偏差	公差
A_1	墙长 1	2000	正态	—	—
A_2	墙长 2	2000	正态	—	—
A_3	墙长 3	2000	正态	—	—
A_7	墙总长	15000	$N(0, 2.67)$	$(-8, 8)$	16

6.4.2　计算模型及公差计算

根据工程概况建立尺寸链方程为：

$$A_0 = A_4 - A_1 - A_2 - A_3$$

（1）极值法解

封闭环公差上偏差和下偏差分别为：

$$ES_0 = \sum_{i=1}^{n} ES_z - \sum_{j=n+1}^{m} EI_j = 8 - 10 - 10 - 10 = -22\text{mm}$$

$$EI_0 = \sum_{i=1}^{n} EI_z - \sum_{j=n+1}^{m} ES_j = -8 - 20 - 20 - 20 = -68\text{mm}$$

封闭环极限尺寸分别为：

$$L_{0\max} = A_0 + ES_0 = -22\text{mm}$$

$$L_{0\min} = A_0 + EI_0 = -68\text{mm}$$

基于现场安装需求的每块墙板的长度尺寸公差设计目标上下限值为：

$$A'_{0\max} = \frac{ES_0}{4} = -5.5\text{mm}$$

$$A'_{0\min} = \frac{EI_0}{4} = -17\text{mm}$$

因此，该实例按极值法计算得到墙板长度方向允许偏差计算阈值为 $0_{-17}^{-5.5}\text{mm}$。

（2）概率法解

尺寸链的封闭环统计公差为：

$$T_{0S} = \sqrt{\sum_{i=1}^{m} T_i^2} = \sqrt{(10^2 \times 3 + 16^2)} = 23.5797\text{mm}$$

封闭环中间偏差为：

$$\Delta_0 = \sum_{i=1}^{n} \Delta_z - \sum_{n+1}^{m} \Delta_j = 0 - 15 \times 3 = -45\text{mm}$$

$$A_{0\max} = \Delta_0 + T_0/2 = -45 + 23.5797/2 = -33.21\text{mm}$$

$$A_{0\min} = \Delta_0 - T_0/2 = -45 - 23.5797/2 = -56.79\text{mm}$$

根据等公差配分原则，每块外挂墙板的基于现场安装需求的长度尺寸公差设计目标上下限值为：

$$A'_{0\max} = A_{0\max}/4 = -33.21/4 = -8.30\text{mm}$$

$$A'_{0\min} = A_{0\min}/4 = -56.79/4 = -14.20\text{mm}$$

因此，该实例按概率法计算得到墙板长度方向允许偏差计算阈值为 $0_{-14.2}^{-8.3}\text{mm}$。

（3）蒙特卡洛法解

根据表 6-4 中各外挂墙板的概率分布模型，由 MATLAB 生成 n 个服从相应分布的随机数，代入尺寸链中得到封闭环尺寸抽样结果，结果见图 6-9 和表 6-5。

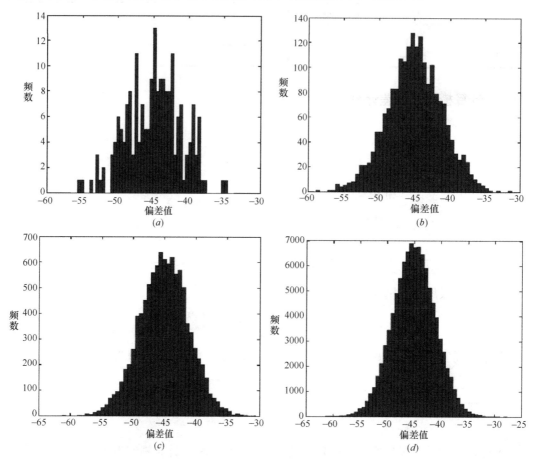

图 6-9　蒙特卡洛模拟结果

（a）$n=200$；（b）$n=2000$；（c）$n=10000$；（d）$n=100000$

蒙特卡洛模拟结果参数统计　　　　　　　　　　　表 6-5

序号	抽样次数	均值（mm）	标准差（mm）	X_{min}（mm）	X_{max}（mm）
1	200	−45.20	4.09	−57.47	−32.93
2	2000	−44.99	3.93	−56.78	−33.2
3	10000	−44.98	3.89	−56.65	−33.31
4	100000	−44.99	3.93	−56.78	−33.20

由图 6-9 和表 6-5 可知在模拟次数达到 2000 次以后，数据趋于稳定。根据等公差方法，求解预制外挂墙板之间拼缝公差上下限分为：

$$A'_{0max} = A_{0max}/4 = -33.20/4 = -8.30 \text{mm}$$

$$A'_{0min} = A_{0min}/4 = -56.78/4 = -14.20 \text{mm}$$

因此按蒙特卡洛法计算得到墙板拼缝尺寸计算值为 $0^{-8.3}_{-14.2}$mm。

综上所述，概率法及蒙特卡洛法得到的结果相近。在缝宽固定的条件下可以得到外挂墙板长度尺寸在工厂预制的基于安装需求的质量设计目标值为 $0_{-14.2}^{-8.3}$ mm，这验证了第四章中外挂墙板长度尺寸公差皆为负公差且与国家现行规范中规定的 ± 4 mm 不相一致的结论。

6.5　小结

将公差尺寸链理论引入装配式 PC 构件的装配过程，构建出适用于装配式 PC 构件安装的尺寸链模型。阐明了装配式建筑构件安装时公差分析方法和过程，并以典型构件安装为例开展了装配式建筑装配过程中公差设计。主要研究工作和结论如下：

（1）发展了适宜于装配式建筑构件安装的尺寸链理论，提出了装配式建筑安装过程中构件尺寸公差分配求解方法。

（2）通过对比三种求解尺寸链方法可知，极值法得到的封闭环公差较大，概率法与蒙特卡洛法结果基本一致。蒙特卡洛法适用范围广、效率更高，计算更精确。

（3）以实际工程外挂墙板同一轴线安装实例，开展了外挂墙板缝隙宽度控制分析，并与实测结果和现行标准规定进行了对比。

本章参考文献

[1]　戴颖达，戴裕崴，质量管理实务教程[M]. 北京：中国科学出版社，2009.

[2]　孙玉芹，孟兆新，机械精度设计基础[M]. 北京：科学出版社，2003.

[3]　费飞. 基于极值法的修配法装配尺寸链解算公式分析[J]. 现代制造技术与装备，2009(5)：16-18.

[4]　王昌元，用概率法解装配尺寸链[J]. 职业技术教育，1999(6)：29.

[5]　Genichi, Taguchi. Taguchi on robust technology development：bringing quality engineering upstream [J]. Journal of Electronic Packaging，1994(1)：17-20.

[6]　郑叔芳. 解尺寸链的卷积法[J]. 计量学报，1993，14(1)：121-123.

[7]　徐钟济. 蒙特卡罗方法[M]. 上海：上海科技出版社，1985.

[8]　金畅. 蒙特卡洛方法中随机数发生器和随机抽样方法的研究[D]. 大连理工大学，2006.

[9]　王克冲. 用蒙特卡罗法解尺寸链问题[J]. 南京理工大学学报，1985(1)：58-64.

[10]　张政寿. 二维尺寸链理论及计算[M]. 北京：国防工业出版社，1988.

[11]　隗东伟. 极限配合与测量技术基础[M]. 北京：化学工业出版社，2006.